设计专业考研丛书

建筑设计快题与表现

丛书主编　李　娟　江　滨
本册编著　孙科峰　王轩远　张天臻

中国建筑工业出版社

图书在版编目(CIP)数据

建筑设计快题与表现／孙科峰等编．—北京：中国建筑工业出版社，2005
(设计专业考研丛书)
ISBN 978-7-112-07672-7

Ⅰ.建… Ⅱ.孙… Ⅲ.建筑设计－研究生－入学考试－自学参考资料 Ⅳ.TU2

中国版本图书馆CIP数据核字（2005）第092170号

责任编辑：唐　旭　李东禧
责任设计：崔兰萍
责任校对：刘　梅　王金珠

设计专业考研丛书
建筑设计快题与表现
丛书主编　李　娟　江　滨
本册编著　孙科峰　王轩远　张天臻
*
中国建筑工业出版社出版、发行(北京西郊百万庄)
各地新华书店、建筑书店经销
北京嘉泰利德公司制版
北京二二〇七工厂印刷
*
开本：880×1230毫米　1/16　印张：11　字数：343千字
2005年8月第一版　2009年5月第五次印刷
印数：8001—9000册　　定价：**58.00**元
ISBN 978-7-112-07672-7
　　　　　(13626)
版权所有　翻印必究
如有印装质量问题，可寄本社退换
(邮政编码 100037)

前 言

建筑方案的快速设计是指在规定的较短时间内完成设计方案及其表现的一种设计形式。这些年来，由于建筑设计、城市规划及环艺、景观设计专业的研究生入学考试、设计单位的招聘考试等重大测试中，都纷纷采用这一形式考查与衡量应试者的设计与表达能力，因此，快速设计与表达被广大师生愈来愈加以重视。

快速设计与表现，作为一种创作形式，需要应试者同时拥有多种综合能力，才能在较短的时间内完成从审题、把握设计要求、整理设计要素、到进行创造性思维、合理构思设计方案的功能组织与空间形态，最终将方案完整表达的全过程。客观地说，快速设计可以较全面地反映应试者的各项素质，对于培养学生的创造性思维、提高设计与审美的情趣、训练灵活的表达能力都有着重要的意义。

为提高应试者快速设计的能力，我们整理编辑了部分有代表性的快速设计实例，旨在针对性地介绍快速设计与表现中需要掌握的基本技能和方法。由于快速设计受到作者能力与设计时间的限制，每一个设计都存在若干不足和问题。希望读者参考设计点评与自身的理解，可以整理出宝贵的经验和适合自己特点的类型与方法。

需要说明的是，设计能力的提高不是一朝一夕的"快速提高"可以实现的。作为学生和设计工作的从业人员，需要坚持不懈的长期点滴积累和练习，方可水到渠成。读者在阅读本书时，也应从自己的理解看待设计的思维，训练自己的图解表达能力。本书的分析与评价，亦不具有惟一性，对于表达的观点可以有多种不同的理解。

本书汇集了许多从事设计工作的同志和学生的作品，谨向他们的辛勤工作和努力致以衷心的感谢。由于笔者理论与设计水平的有限，点评与表达有不妥之处，望读者不吝赐教。

目 录

前言

第一章　建筑方案快速设计与表现　001
　　第一节　快速设计的定义和内容　002
　　第二节　建筑快速设计的过程　003
　　第三节　建筑快速设计分析　005

第二章　各类快速表现方法　007
　　第一节　铅笔表现方法　009
　　第二节　钢笔表现方法　015
　　第三节　彩色铅笔表现方法　033
　　第四节　水彩表现方法　051
　　第五节　马克笔表现方法　067

第三章　快速设计实例与点评　083
　　例1：小客栈设计　084
　　例2：小住宅设计　086
　　例3：临时性展厅设计　088
　　例4：住宅设计　090
　　例5：小展厅设计　092
　　例6：小客栈设计　094
　　例7：小别墅设计　096
　　例8：独立式住宅设计　098
　　例9：办公楼设计　100
　　例10：小展厅设计　102
　　例11：住宅设计　104
　　例12：小茶室设计　106

第四章　快题设计笔试及其综合面试注意事项　109
　　第一节　快题应试注意事项　110
　　第二节　面试的注意事项　110

第五章　部分院校历年试题汇编　115
　　北京建筑工程学院　116
　　重庆建筑大学　120
　　东南大学　124
　　华南理工大学　127
　　华中科技大学　133
　　湖南大学　136
　　南京大学　142
　　南京林业大学　144
　　深圳大学　146
　　天津大学　148
　　武汉大学　153
　　厦门大学　155
　　浙江大学　159
　　同济大学　164

附录　168

第一章 建筑方案快速设计与表现

第一节 快速设计的定义和内容

建筑设计,它的完整过程应该包括方案设计、初步设计和施工图设计三个部分。阶段过程涵盖从提出设计任务书到建筑施工完成的全过程。这三个阶段的设计工作是紧密联系、又相互制约的。每一个阶段都有着明确清晰的任务和职责。

方案设计作为建筑设计的第一阶段工作,有着重要的提纲挈领之作用。它对于整个设计而言是一个"从无到有"的决定性过程——在这个阶段中,设计者需要完成以下的思维、设计过程:构思和确定建筑设计的理念、思想和意图;将设计的思维整理、记录和形象化;用图形和文字规范地表达设计成果等。这一阶段的工作完成之后,初步设计和更深一部的施工图设计都以此为基础,逐步调整和深入,同时将其他工种的技术、设备等物质化条件逐一落实,最终形成可以实施的设计成果。

快速设计一般只涉及到方案设计阶段的内容。它往往要求在很短的时间内完成方案设计的大部分工作。就规定的时间分类,快速设计可以分为两种形式:

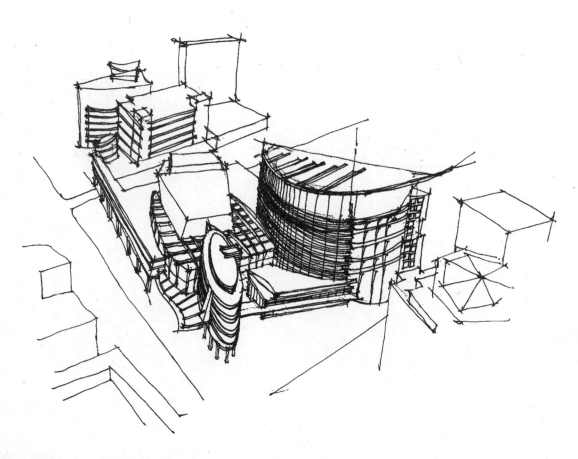

① 8小时或6小时内完成的快速设计，称为8小时(6小时)快题设计。

② 几天内完成的快速设计，又称为短期快速设计。

本书主要涉及8小时或6小时快题设计。这是各类专业考试(研究生入学、工作招聘等)常用的形式。要求在规定时间内完成方案设计，并将方案的总平面、各主要层平面、主要立面和剖面，以及一些表现图、设计说明等表达在规定的图幅内(对于作图的方法，一般限制较少：可以采用尺规作图或徒手线表达，效果表现的形式灵活多样)。

此类快题设计虽然要求在几个小时内完成设计，考查内容却覆盖了从设计构思到专业制图的相对完整过程，对应试者的综合素质有着较高的全面要求。

第二节 建筑快速设计的过程

一、建筑方案设计的一般性过程

建筑方案的设计拥有并不惟一的多样化的过程。每一个设计产品相对于它所处的环境、条件而言，都是惟一的。它反映出每一个不同设计师的独特见解和处理方式，并不强求统一。针对同一个设计需要解决的问题，设计师可能给出截然不同，甚至是完全相反的方法。因此，任何寻求惟一处理方式"设计手法"的努力都会难以奏效。

对于初学者而言，我们完全可以从纷繁多变的设计实例中将设计思维的发展过程剥落出来加以研究，认清存在的规律。在具体的设计方法上，绝大多数设计者都属于以下两种模式："从功能入手，再调整形式"和"从形式入手，再整理功能"这两大类。

一般而言，方案设计总是经历：任务分析——设计构思——细部完善这三个过程。思维和工作在历经这三个过程时并不是单向、线形的，相反，会有一些来回的反复、跳跃和循环过程。上述的两种模式，只是这三个过程的不同思维顺序和应对方式，读者都可以借鉴、思考，具体问题具体分析。

"从功能入手，再调整形式"，即指先从设计任务的功能要求入手，将功能在各层平面上整理、归纳，待功能大致安排合理之后，再考虑空间形态、建筑造型的要求，根据这些要求反过来调整局部的功能安排，最终完成设计。从功能入手的模式，对于初学者而言较为容易把握。因为功能布局的安排较之空间形态的组织相对更易于把握，设计者首先把握直观、理性的因素，进而思考下一步的问题。这种模式的不利之处是，初学者更容易将形态设计平庸化，影响空间形态、建筑造型的灵感创造。

"从形式入手，再整理功能"，即指从建筑的空间形态和造型入手，首先确立一个优秀的空间体形，再将功能填充和组织进来。经过互动的反复调整之后，最终完成设计。从空间形态入手的模式，也有明显的优势：它有利于发挥设计者自由地发挥空间想像能力，而在初始阶段较少地受到约束条件的限制。这种模式对设计者能力的要求更高，需要掌握一定的设计经验，不至于在后期安排功能时完全不协调，适得其反。对于初学者而言，较难掌握。

当然，任何模式都不是绝对的。在设计的思维过程中，有时也难以准确描述采用了哪种方式。总而言之，我们应该在功能与形式的两大方面相互调节、综合思考，最终找到适合自身特点与设计要求的良好途径。

二、快速方案设计的过程

快速方案设计，属于方案设计的一种特殊形式。它既包含了方案设计的主要内容和基本构成，又有一定程度的精简和概略。在短短几天或者几个小时内完成方案并表达完整，就意味着要求设计者不可避免地简化思维过程中的反复和推敲，将每一个环节都有计划地限制在一定的时间之内，才可以完整的完成任务要求。

任务分析——设计构思——细部完善，这三个过程在快速设计中依然存在，但在具体实践中，反馈与调整的可能性相应减少，尽可能地要求设计步骤快速、准确。快速设计要求设计者从构思的最初就对功能与形式都有相对成熟的把握，减少推敲的过程。设计中表现出工作流程的紧凑和单线推进。合理、动态地把握各步骤所需的时间。

一旦获取设计任务，设计者应尽快阅读设计信息，包括文字说明和地形、环境、原有建筑物等各重要设计限定信息。将这些重要信息整理、归纳后，形成思维开始的初始条件。需要说明的是，这个过程既要在较短时间内完成，尽量不占用后面的设计时间，同时又要求细致严谨、再三确认——防止遗漏、错看一些隐蔽性的重要信息(例如题设中给出的指北针、风玫瑰、比例尺、周边环境或文字说明中的特殊要求等)，导致整个设计出现偏差。

确认题设的要求之后，设计者应尽快进入角色，整理出符合条件要求的构思简图。这一构思包含两大方面的思考，即设计各要素与外部限制条件的相互关系，与设计各要素内部的组织关系。整个构思可以经历一个从意向草图到相对精确的设计草图的发展过程。在设计思维形象化的过程中，赋予各元素功能、尺度及形态。

一旦各设计主要元素基本确定，设计者需要立即进入图纸表达的环境。与一般方案设计不同的是，设计者不能等待将所有设计细部构思在草图上表达清楚后再"上正图"，而应该在大部分主要部分确立后，就开始进行"正图"作业。在正图的制作过程中，对部分细节"边画图、边思考、边设计"。这是由于快速设计的特点决定的。由于时间所限，在有限的时间内如何抓大放小、突出重点，快速而干练地完成这一综合化的过程，是快速设计的主要难点所在。这也要求设计者必须掌握相当的设计、绘图与表现能力及实践经验。

第三节 建筑快速设计分析

快速设计的过程如前所述。可以看出，从接触设计任务要求开始，直至方案完成的全过程，设计离不开思维的分析过程。可以说，快速设计的特殊性决定了分析思维始终贯穿于整个过程。

概括起来，分析思维所涉及以下几个方面：

一、对地块环境条件的分析

环境条件是建筑设计的客观依据。经过审题，我们需要确定环境条件的限定要求(对应于一般设计，需要通过对环境条件的调查和分析)，分清哪些是可以利用的条件，哪些是需要规避的因素等，从而正确应对设计与环境的关系。环境是一个综合要素，细分起来，它包括物质环境和人文精神环境等两个大方面。在快题设计中，一般而言，物质环境对设计的要求较为具体、明确；而人文与精神环境对设计偏重非限定性的"软"限定，不易把握。一个成功的设计作品需要对二者同时加以考虑，积极呼应。

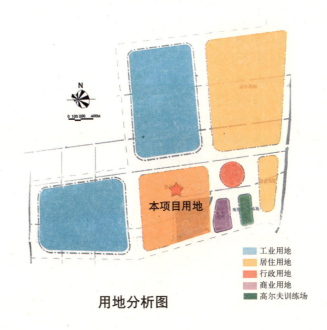

用地分析图

二、对规划条件要求的分析

此类条件是必须严格执行的一些规划要求。对维护城市整体环境与公共利益有着重要意义。反映在题目要求中，主要包括：后退红线要求：为了满足道路、毗邻建筑与场地的各种要求(日照、消防、交通、景观、及其他)，用地或建筑物的最小后退指标。需要注意的是，对于用地、地下部分及低层、高层建筑物，后退的标准可能不同，审题时需加以留意。建筑物高度限定：一般指对建筑物有效层檐口的高度规定，对建筑物的高度进行限制。容积率、建筑密度、绿化率等指标的限制：分别明确这些指标的含义，在设计中不能低于或高于规定的极限值。停车量的要求：对设计的停车量要求。题目中可能明确提出具体数据，也可能需要设计者根据设计的建筑物自身的规范要求确定数量。

总而言之，快题设计相对一般建筑设计而言，往往对一些规划指标要求较弱，但涉及题目中给出的条件，应按要求执行。

三、对形式特点的分析

不同的建筑类型，往往要求不同的形态特征和空间形式。虽然每个人对于建筑形态的感受可能千差万别，但是一些基本建筑语汇给人们的"通感"还是存在的。在快题设计中，我们需要对题设建筑物的形态给予正确的理解和反映，不必太追求"个性化"的理解，严重偏离人们对于此类建筑物基本特征的心理感受。设计时应重点考虑未来使用人群的心理与活动特征，尊重使用者的特点与要求。例如，同样是活动中心，为老年人服务使用的，与为青少年服务使用的，不仅在设计规范上有硬性的要求差别，建筑物的空间形态和外部特征，也应该反映出不同的建筑性格。同样是供居住的别墅，业主的职业、年龄、家庭结构等差别，也应该反映在空间组织和建筑形态上。

只有以准确把握使用者要求而发展出的方案，才具有一定的现实意义和社会意义，才能反映出设计被赋予的社会责任。

四、对功能要求的分析

对于功能要求的分析与把握，涉及到设计者的基本设计能力与素质。将一个具体的建筑物整体作为一个系统，这个系统又由自身的不同功能特点的众多子系统组成。各个子系统之间是紧密联系、相互影响的。在一个设计中，我们首先需要做的就是对各个子系统的功能关系进行分析和把握。

根据各功能子系统的相互关联程度及紧密程度，我们将这些系统间主次、并列、混合的逻辑关系，以及紧密、半紧密、松散的关联程度加以分析，利用泡泡图、树枝图等图示工具梳理、表达，完成对整体功能关系的分析。

对主要空间系统之间的关系整理完毕之后，需要对每一个子系统单独分析。包括每个空间系统的体量大小、位置、景观要求、空间属性等各方面作出分析。并通过这些分析，将设计形象化、逐一落实。

第二章　各类快速表现方法

快速设计的表现，是此类设计中一个非常重要的环节。一般而言，我们首先根据设计方案中的各层平面、各向立面等二维图纸，形成一个三维空间的视图，然后再对三维形象效果进行表现。从二维平面生成三维空间视图（一般会采用带有远近关系的透视效果），需要我们首先掌握透视图画法的原理。当然，在快速设计中，可能不需要将设计的所有细节都用严格的几何作图法先在草图中完成透视画法，而可以将重要的、决定性的体量或重要的辅助定位线用透视作图精确求出，部分细节可以根据透视效果的规律快速直接表达出来。这样可以在较短的时间内完成透视图框架，将时间留给设计的其他环节。

透视图勾画出建筑空间、立面的主要结构关系，建立了相对完整的形体构架。然而，这仅仅表达了设计的空间关系。而对于更进一步的材质、空间效果、整体氛围的表达，还需要用刻画细部的手法进行表现。

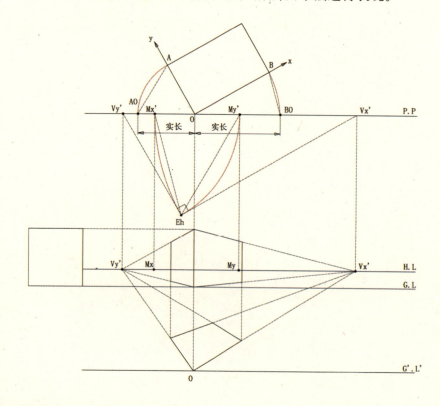

第一节　铅笔表现方法

　　铅笔表现，是所有绘画方法中最基本的手段之一。虽然铅笔表达只有黑白灰的明暗对比关系，却同样可以具有非凡的表现力。一般绘图铅笔有软硬度之分——6H～6B 各种型号。H 表示铅笔的硬度，数字越大硬度越高；B 表示铅笔的软度，数字越大表示软度越高。H～2H 或 HB 硬度的绘图铅笔一般用来打底稿、勾勒草图与轮廓，2B～4B 用来表现暗部或有灰度的区域，5B、6B 用于图中较重部分的表现。各类铅笔表达效果各不相同，用笔时的轻重缓急、力道变化需要多加练习，仔细体会。各种笔触、效果的协调配合，应使画面既精致细腻又不失概括写意，在快速设计中有力地配合设计作品的朴实、单纯之美。

内　　容　　店铺
表现方法　　铅笔／彩铅
用　　纸　　绘图纸
用　　时　　1.5小时

内　　容　　民居
表现方法　　铅笔／彩铅
用　　纸　　绘图纸
用　　时　　1.5小时

内　　容　　俱乐部
表现方法　　铅笔
用　　纸　　绘图纸
用　　时　　1.5小时

内　　容　　民居
表现方法　　铅笔
用　　纸　　绘图纸
用　　时　　1.5小时

内　　容　　小住宅
表现方法　　铅笔
用　　纸　　绘图纸
用　　时　　1小时

建筑设计快题与表现

内　　容　　民居
表现方法　　铅笔
用　　纸　　绘图纸
用　　时　　1小时

013

内　　容　　民居
表现方法　　铅笔
用　　纸　　绘图纸
用　　时　　1.5小时

第二节　钢笔表现方法

钢笔表现是采用钢笔和墨水表现设计效果的一种形式。与铅笔表达不同的是，钢笔表现的黑白、明暗对比更加强烈。而对于中间过渡的灰色区域、更多地需要在用笔的排线和笔触中变化来实现。虽然整张图纸只有一种单色，却可以形成多种不同的明暗调子和肌理效果，视觉冲击力较强。在快题设计的表现中，我们可以采用不同笔宽规格的针管笔(从0.13mm～0.15mm等较细规格到0.5mm～1.2mm等较粗规格)，利用笔触的粗细变化适用于不同效果的表达。钢笔表现还可以与彩色铅笔、水彩等手法结合起来，形成表现力更加丰富的多种其他效果。

内　　容　　会馆
表现方法　　钢笔
用　　纸　　复印纸
用　　时　　1.5小时

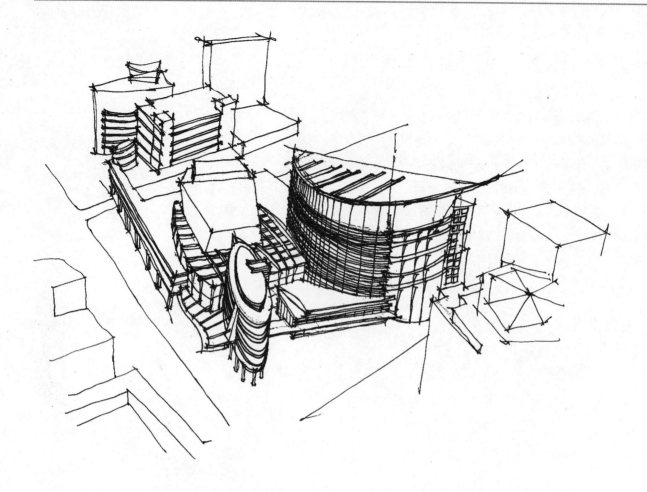

内　　容　　艺术中心(上)，公寓(下)
表现方法　　钢笔
用　　纸　　复印纸
用　　时　　1小时(上)（下）

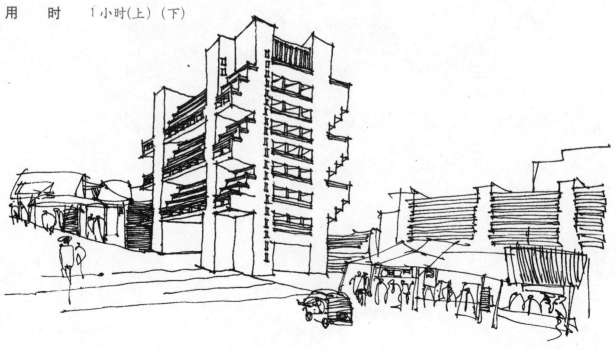

内　　容　　医院(上)，小住宅(下)
表现方法　　钢笔
用　　纸　　复印纸
用　　时　　1小时(上)，1.2小时(下)

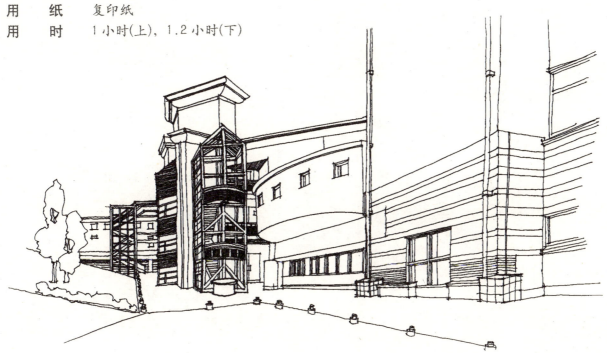

内 容	商场(上)，公寓(下)
表现方法	钢笔
用 纸	复印纸
用 时	1.2小时(上)，1小时(下)

内　　容　　公寓(上)，医院(下)
表现方法　　钢笔
用　　纸　　复印纸
用　　时　　1小时(上)（下）

内　　　容　　医院(上)，小学校(下)
表现方法　　钢笔
用　　　纸　　复印纸
用　　　时　　1小时(上)（下）

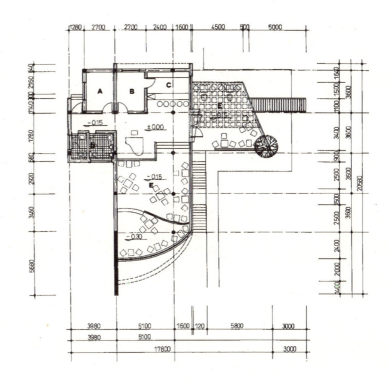

内　　容　　小茶馆
表现方法　　钢笔
用　　纸　　绘图纸
用　　时　　3小时(透视图)

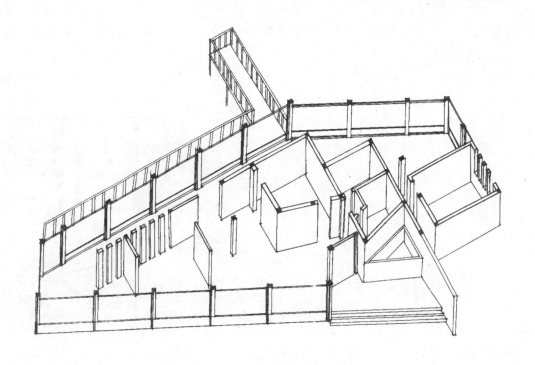

内　　容　　小茶馆
表现方法　　钢笔
用　　纸　　绘图纸
用　　时　　2小时(透视图)

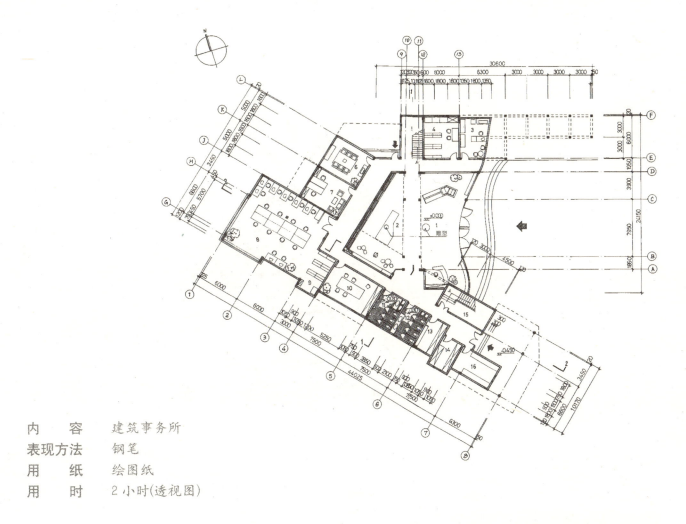

内 容	建筑事务所
表现方法	钢笔
用 纸	绘图纸
用 时	2小时(透视图)

设计专业考研丛书

内　容　　建筑事务所
表现方法　钢笔
用　纸　　绘图纸
用　时　　2 小时(透视图)

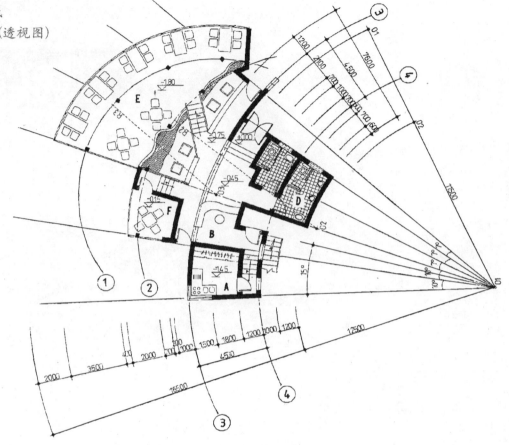

内　　容　　建筑事务所景观
表现方法　　钢笔
用　　纸　　绘图纸
用　　时　　2.5小时

设计专业考研丛书

内　容	小住宅
表现方法	钢笔
用　纸	绘图纸
用　时	2小时(透视图)

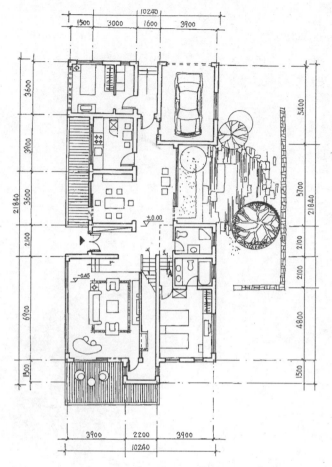

内　　　容　　小茶室
表现方法　　钢笔
用　　　纸　　绘图纸
用　　　时　　2.5小时(透视图)

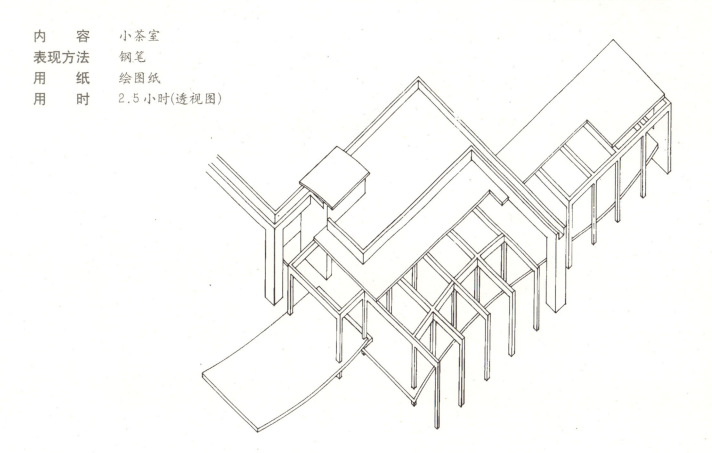

内　　容	小茶室
表现方法	钢笔
用　　纸	绘图纸
用　　时	2.5小时(透视图)

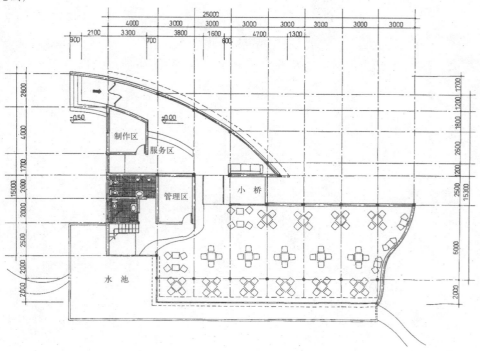

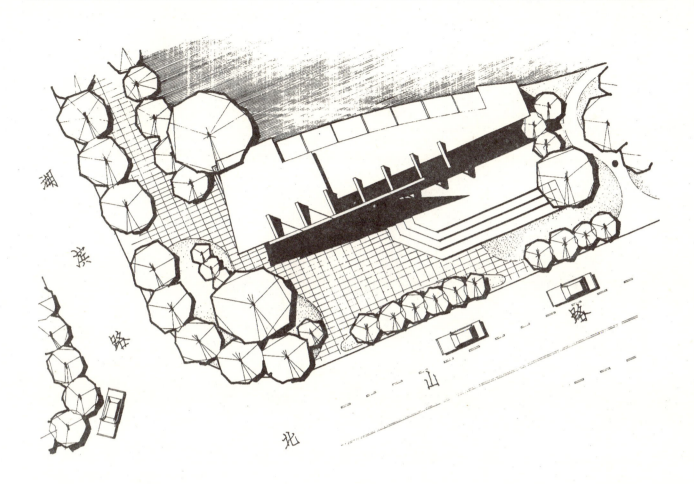

内　　容　　小茶室
表现方法　　钢笔
用　　纸　　绘图纸
用　　时　　2小时(透视图)

内　　容	小茶室
表现方法	钢笔
用　　纸	绘图纸
用　　时	2小时(透视图)

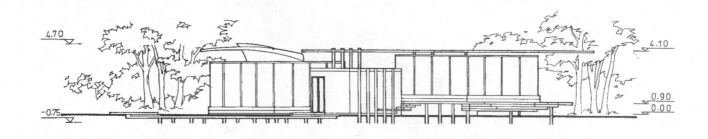

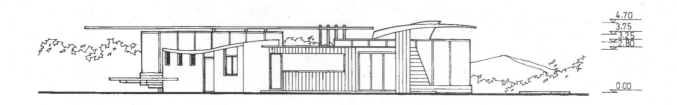

内　　容　游船码头
表现方法　钢笔
用　　纸　绘图纸
用　　时　2小时(透视图)

031

内　　容	建筑事务所室内
表现方法	钢笔／彩铅
用　　纸	绘图纸
用　　时	2小时

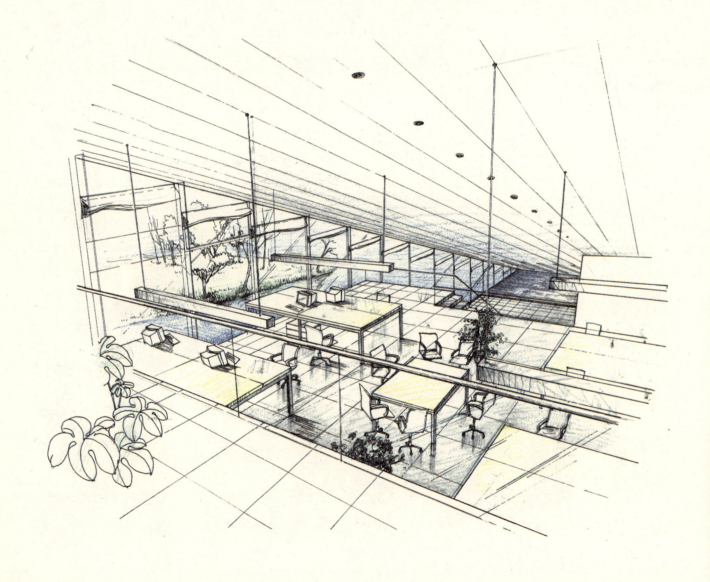

第三节　彩色铅笔表现方法

彩色铅笔的种类较多。一般在快速设计表现中，较多的采用水溶性彩铅。它的总体特点是操作方便，不易失误和笔触质感强烈。常用的有12色、24色、48色等各种组合。彩色铅笔由于笔触较小，所以大面积表现时应考虑到深入表现所需要的时间。常常也用于和钢笔或淡水彩配合使用。

内　　容　小区入口
表现方法　彩铅
用　　纸　绘图纸
用　　时　3.5小时

内　　容　　小区入口
表现方法　　彩铅
用　　纸　　绘图纸
用　　时　　3.5小时

内　　容　　联排别墅
表现方法　　彩铅
用　　纸　　绘图纸
用　　时　　2.5小时（上），3.5小时（下）

内　　容　小展览厅
表现方法　钢笔/彩铅
用　　纸　绘图纸
用　　时　2小时

建筑设计快题与表现

内 容　　阅览室中庭
表现方法　　钢笔／彩铅
用 纸　　绘图纸
用 时　　2小时

内 容　　山径
表现方法　　钢笔／彩铅
用 纸　　绘图纸
用 时　　2小时

设计专业考研丛书

内　　容　　公园一角
表现方法　　钢笔／彩铅
用　　纸　　绘图纸
用　　时　　1.5小时

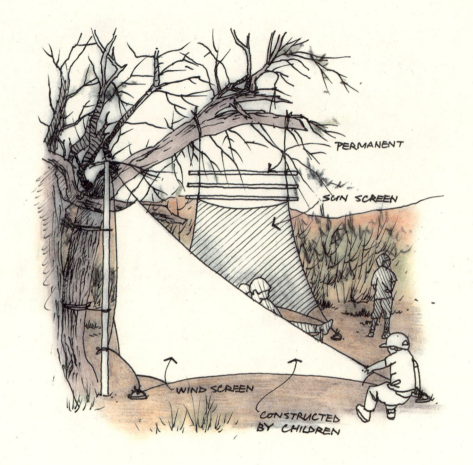

内　　容　　展览馆
表现方法　　钢笔／彩铅
用　　纸　　绘图纸
用　　时　　2小时

内　　容	小活动中心
表现方法	钢笔／彩铅
用　　纸	绘图纸
用　　时	2小时（上），2.5小时（下）

内　　　容　　小展览厅
表现方法　　钢笔／彩铅
用　　纸　　绘图纸
用　　时　　2.5小时（上）（下）

内　　容	小区景观设计
表现方法	钢笔／彩铅
用　　纸	绘图纸
用　　时	2小时

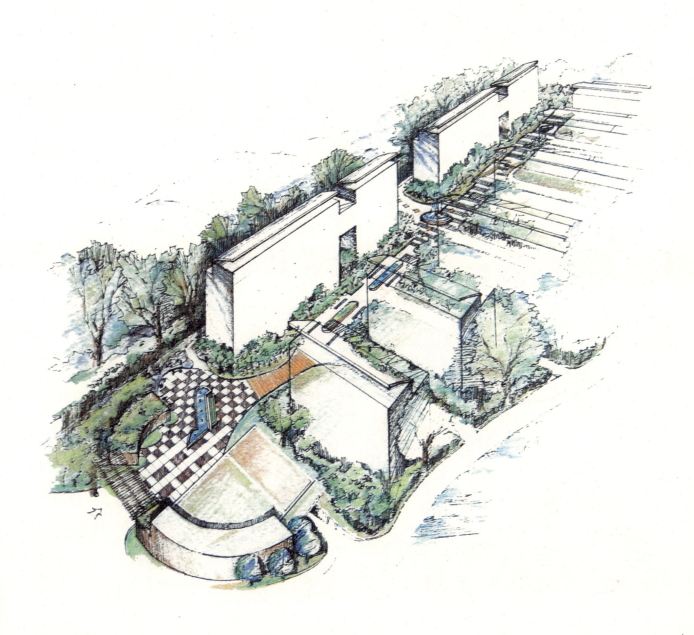

设计专业考研丛书

内　　容　　茶园景观设计
表现方法　　钢笔／彩铅
用　　纸　　绘图纸
用　　时　　2小时（上），2.5小时（下）

042

内　　容	小办公楼及其景观设计
表现方法	钢笔／彩铅
用　　纸	绘图纸
用　　时	1.5小时（上），2小时（下）

内　　容　　美术馆内庭
表现方法　　钢笔／彩铅
用　　纸　　绘图纸
用　　时　　1小时

内　　容	公园景观
表现方法	钢笔／彩铅
用　　纸	绘图纸
用　　时	2.5小时（上），1.5小时（下）

内 容	美术馆及其景观设计
表现方法	钢笔／彩铅
用 纸	绘图纸
用 时	2小时（上），2.2小时（下）

内　　容　　办公楼
表现方法　　钢笔／彩铅／马克笔
用　　纸　　绘图纸
用　　时　　2.5小时

内　　容　　小区会所
表现方法　　钢笔／彩铅
用　　纸　　绘图纸
用　　时　　2.5小时

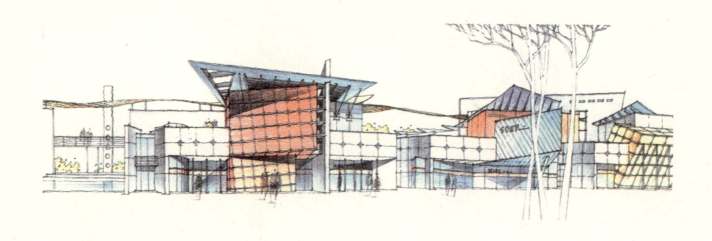

内　　容　　小公建
表现方法　　钢笔／彩铅
用　　纸　　绘图纸
用　　时　　2小时

建筑设计快题与表现

内　　容　　建筑入口景观
表现方法　　钢笔／彩铅
用　　纸　　绘图纸
用　　时　　2.5小时

内　　容　　小公寓
表现方法　　钢笔/彩铅
用　　纸　　绘图纸
用　　时　　2.5小时

第四节 水彩表现方法

水彩是一种艺术表现力较强的表现手法。它既可以单独完成表现，也可和其他表现形式结合使用，如钢笔等。这种表现方式在快速设计表现中如运用得当，可以快速、极富感染力地表达设计作品。需要注意的是，水彩的使用对设计的纸张有一定的吸水性要求，在考试中使用应在纸张选择上有所准备。同时在考场使用时的调色、用水等方面应更加小心，以免对设计图纸的其他部分造成影响。

水彩渲染的一般步骤是：
①在适合使用水彩渲染的图纸上描绘透视底稿。最好是将画好的底稿拷贝复制到正图上，避免在正图上使用橡皮擦图，以免破坏纸面肌理，影响水彩效果；
②先铺上较大面积的较淡的底色，决定表现图的基本调子；
③对设计作品的主要体量进行表达。一般采用先浅后深、由明至暗的顺序；
④对一些重要表现的细部重点刻画，但注意不可主次不分，平均用力，把握好画面整体协调的主次、远近、明暗关系。

内　　容　　小住宅
表现方法　　水彩
用　　纸　　水彩纸
用　　时　　3小时

内　　容　　小办公楼
表现方法　　水彩
用　　纸　　水彩纸
用　　时　　2.5小时

内　　容　　小办公楼
表现方法　　水彩
用　　纸　　水彩纸
用　　时　　2.5小时

内　　容　　小办公楼
表现方法　　水彩
用　　纸　　水彩纸
用　　时　　3.5小时

建筑设计快题与表现

内　　容　　小住宅
表现方法　　水彩
用　　纸　　水彩纸
用　　时　　3小时

内　容	美术馆（上）	内　容	小住宅（下）
表现方法	钢笔／水彩	表现方法	水彩
用　纸	水彩纸	用　纸	水彩纸
用　时	3小时	用　时	3.5小时

内　　容　　小住宅
表现方法　　钢笔／水彩
用　　纸　　水彩纸
用　　时　　3小时

内　　容　　小住宅
表现方法　　钢笔／水彩
用　　纸　　水彩纸
用　　时　　2.5小时（上），3小时（下）

内　　容　　小住宅
表现方法　　钢笔／水彩
用　　纸　　水彩纸
用　　时　　2.5小时（上），3小时（下）

内　　容　　小住宅
表现方法　　钢笔／水彩
用　　纸　　绘图纸
用　　时　　3小时

内　　容　　住宅入口
表现方法　　钢笔／水彩
用　　纸　　水彩纸
用　　时　　2.5小时

内 容　　茶室凉亭
表现方法　　钢笔／水彩
用 纸　　水彩纸
用 时　　2.5小时

内　　容　　小住宅
表现方法　　钢笔／水彩
用　　纸　　水彩纸
用　　时　　2.5小时

内　　容	小公建（上）
表现方法	水彩
用　　纸	水彩纸
用　　时	4小时

内　　容	小住宅（下）
表现方法	水彩
用　　纸	水彩纸
用　　时	3小时

内　　容　　小住宅
表现方法　　钢笔／水彩
用　　纸　　水彩纸
用　　时　　2.5小时（上），3小时（下）

内　　　容　　小住宅
表现方法　　钢笔／水彩
用　　纸　　水彩纸
用　　时　　4小时（上），3小时（下）

第五节　马克笔表现方法

马克笔表现是快速设计中常用的表现方法之一。它的特点是方便、快速、便于操作，颜色固定，不用调和，且干的速度较快。马克笔一般又称为记号笔，有油性和水性两种类型。油性马克笔适合用于光滑、不易书写的表面，如油漆表面、塑料、厚铜版纸等，水性马克笔适用于一般的绘图纸表现。

马克笔的笔头采用化纤、尼龙等化工材料制成，形状成有一定角度的方楔形（或粗细不等的圆形），使用时不同的笔法可以获得多种笔触，获得良好的表现效果。商店中可供挑选的马克笔有上百种不同颜色，可根据自己的配色习惯和方式选择常用的笔号。

| 内　　容 | 公园景观 | 用　　纸 | 绘图纸 |
| 表现方法 | 马克笔／水彩／彩铅 | 用　　时 | 4小时 |

内　　　容　　博物馆（上），山间景观（下）
表现方法　　马克笔／彩铅
用　　纸　　绘图纸
用　　时　　3小时（上）（下）

内　　容　　公园景观
表现方法　　马克笔／水彩／彩铅
用　　纸　　绘图纸
用　　时　　3.5小时

设计专业考研丛书

内　　容　　村落景观
表现方法　　马克笔／钢笔
用　　纸　　绘图纸
用　　时　　3.5小时

内　　容	小公建
表现方法	钢笔／马克笔
用　　纸	绘图纸
用　　时	2.5小时（上）（下）

内　　容	宅间景观
表现方法	钢笔／马克笔
用　　纸	绘图纸
用　　时	2.5小时（上）（下）

内　　容　　宅间景观
表现方法　　马克笔／彩铅
用　　纸　　绘图纸
用　　时　　1.5小时（上）（下）

内　　容　　茶园景观设计
表现方法　　马克笔／彩铅
用　　纸　　绘图纸
用　　时　　2小时（上）（下）

内　　容　度假酒店
表现方法　马克笔/钢笔
用　　纸　绘图纸
用　　时　4小时

内　　容　　小广场景观设计
表现方法　　马克笔／彩铅
用　　纸　　绘图纸
用　　时　　1.5小时（上）（下）

内　　容　　风景区景观设计
表现方法　　马克笔／彩铅
用　　纸　　绘图纸
用　　时　　1.5小时（上）（中），
　　　　　　2小时（下）

内　　容　　公共景观设计
表现方法　　马克笔／彩铅
用　　纸　　绘图纸
用　　时　　2小时（上），1.5小时（下）

内　　容	建筑入口（上）滨水茶室（下）
表现方法	马克笔／彩铅
用　　纸	绘图纸
用　　时	1.5小时（上），2小时（下）

内 容	小展厅
表现方法	马克笔/彩铅
用 纸	绘图纸
用 时	1.5小时

内 容	滨水住宅
表现方法	马克笔/彩铅
用 纸	绘图纸
用 时	2.5小时

内　　容	小住宅	内　　容	小俱乐部
表现方法	马克笔/钢笔	表现方法	马克笔
用　　纸	绘图纸	用　　纸	绘图纸
用　　时	3.5小时	用　　时	4小时

内　容　　西部小镇	内　容　　部落公园
表现方法　　马克笔	表现方法　　马克笔
用　纸　　绘图纸	用　纸　　绘图纸
用　时　　3.5小时	用　时　　4小时

第三章　快速设计实例与点评

例1：小客栈设计
例2：小住宅设计
例3：临时性展厅设计
例4：住宅设计
例5：小展厅设计
例6：小客栈设计
例7：小别墅设计
例8：独立式住宅设计
例9：办公楼设计
例10：小展厅设计
例11：住宅设计
例12：小茶室设计

例1：小客栈设计

小客栈设计方案

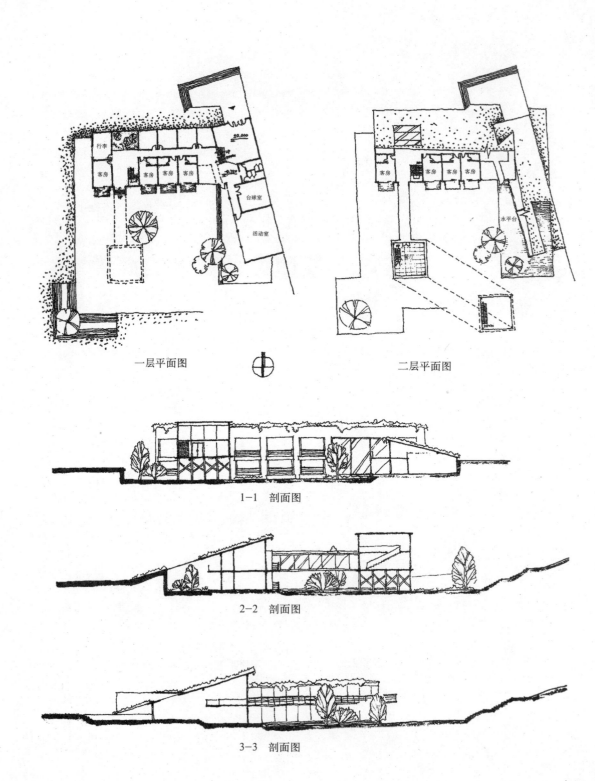

作　　者　　吴维凌
表现方法　　钢笔＋水彩
用　　纸　　绘图纸
用　　时　　8小时

点评

[设计]

　　这是一个生长在纯净茶园里的小客栈。

　　方案把大体块埋于土中，用横亘的单坡顺应山的走势。爬满了屋顶的绿色植物掩盖了建筑的表皮，仿佛一个巨大的绿色帐篷，所能看到的是一个精致的玻璃展厅。

　　小客栈仿佛原本就种在茶园里，生长在山坡上。此方案依附于环境，和环境紧密交融在一起，是一个很好的生态建筑。

[表现]

　　画面以流畅的徒手线条充分表达山地环境特征与建筑形象，反映出作者思维活跃，基本功扎实。平立面以抖动的曲线条来塑造，准确而又生动。建筑立面黑白灰处理得当，注重了用线和植物的搭配，使立面层次丰富。透视效果图构图完整，主体突出，很好地交待了建筑与周边环境的关系。钢笔淡彩淡雅清晰，着色潇洒，一个栩栩如生的茶园小客栈跃然纸上。

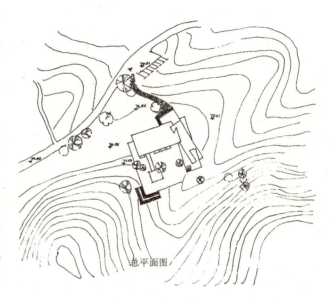

总平面图

设计说明：
　　这是一片纯净的茶园，看上去几乎没有杂质。方案把大体量埋于土中，用横亘的单坡顺应山的走势。爬满了屋顶的绿色植物掩盖了建筑的表皮。能看到的是一个精致的玻璃餐厅，这是一个巨大的绿色帐篷！

例2：小住宅设计

点评

[设计]

　　这是一座为一家三口而设计的独立住宅。

　　住宅与自然山体相邻，架于山下，临湖而置。设计重组了最简单的建筑材料：钢、木、玻璃、混凝土，运用杉木板为外墙材料。整个建筑基本架空，形体和立面简洁大方。简单的几何形体、暖色调粗琢的材料、充足的阳光和开阔的视野，赋予这幢小住宅一个永恒的主题。

[表现]

　　竖向版面布局紧凑，构图匀称。徒手钢笔线条流畅自如。立面用排竖线的方法来表达不一样的材质，配上淡淡的彩铅，立面效果突出，生动活泼。透视图在纹理纸上完成，塑造建筑线条干劲简练，塑造植物线条奔放不羁，快速而又潇洒。画面整体，色调统一，轻松快意。

作　　者　　徐扬
表现方法　　钢笔＋彩铅
用　　纸　　有色底纹纸
用　　时　　6小时

小住宅快题设计

这是一座为一家三口而设计的独立住宅，住宅架于山下，与湖水接近与大自然相邻。

设计中重组了最简单的建筑材料：钢、木、玻璃、混凝土，运用杉木板为外墙材料，抽象简洁。室内通过流线的设计有序的区分了公共、半公共、私密与半私密空间的等级。

整个建筑基本架空，体形和立面简洁大方，简单的几何形体，暖色调粗犷的材料，充满阳光和开阔的视野，正是我想赋予这幢初次设计的住宅一个永恒的主题。

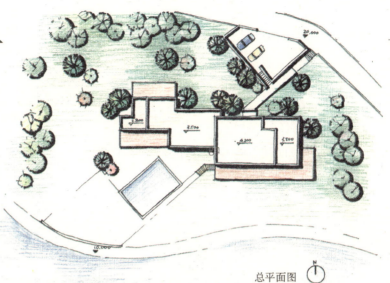

总平面图

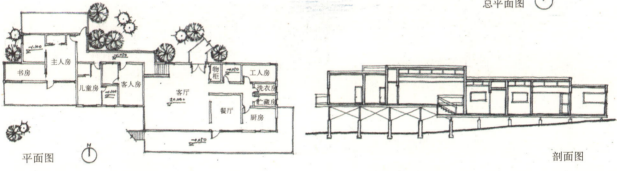

平面图　　　　　　　　　　　　　　　　剖面图

南立面　　　　　　　　　　　　　　　　北立面

例3：临时性展厅设计

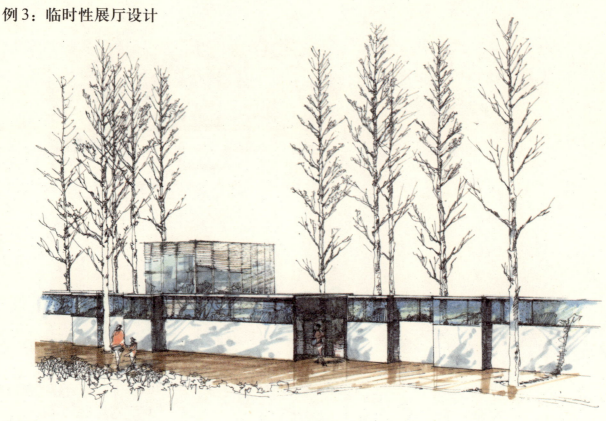

点评

[设计]

　　此方案位于自然条件和人文条件都非常优越的西湖边，作为一个雕塑展厅，方案采用一堵强制性的"墙"和一个消隐性的盒子对基地进行界定和消解。"墙"——是包含了门、窗、顶、墙面等建筑里面的基本元素的墙，给参观者造成进入室内的强烈暗示。通过门厅后，整个室内完全向西湖打开，融入自然，让建筑作为自然和另一个自然(展示空间)的通道，以此来隐喻雕塑和环境之间的微妙关系。暗示一种风景建筑的态度。

　　整个方案以立面的突兀和心理上的反差与基地优越的自然条件达成一种内在的协调。

[表现]

　　钢笔线条挥洒自如，手法娴熟老练。反映出作者较好的美学修养。对形体的塑造和空间氛围的渲染有一定能力。点缀的雕塑展品活跃画面，生动体现了室外展厅的空间氛围。画面光影效果和环境特征处理得相当生动。铅笔线的表达如速写般灵活而又简练。善于运用多种绘画工具：钢笔、铅笔、马克笔和彩色铅笔。结合各种工具的搭配，以达到最佳的画面效果。建筑立面、局部透视图、节点大样都表现得丰富灵活，勾画自如。用色大胆，画面整体，冲击力强。体现作者较强的表现功底。

作　　者	袁柳军
表现方法	钢笔＋铅笔＋马克笔＋彩铅
用　　纸	绘图纸
用　　时	8小时

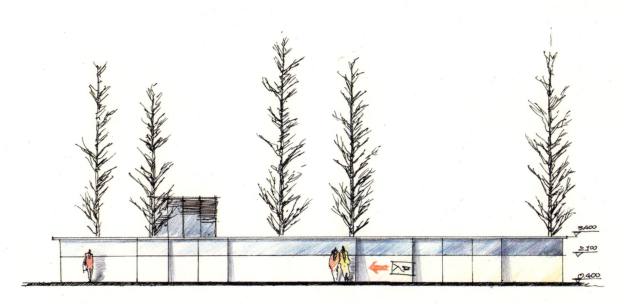

东北立面图

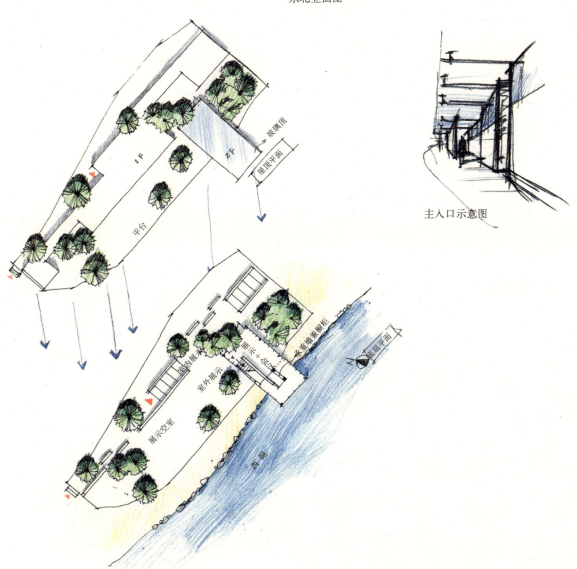

主入口示意图

例4：住宅设计

点评

[设计]

此方案位于某景区附近，地理位置优越。建筑立面采用较多的木栅和玻璃。大面积通透的落地玻璃墙面能更好地把室外的美丽景色引入室内，使室内外相互亲密融合。建筑依附于环境，与自然紧密交融，体现一种生态的设计理念。环境是赋予该项目生机的因素，给室内空间创造了特殊的氛围，让建筑找到了自己的场所归宿。

[表现]

此方案运用钢笔结合铅笔技法来完成。徒手钢笔，线条技法熟练，规矩却不僵化。立面图线条等级分明，阴影效果的表达充分表现了建筑物的空间层次关系。加入配景植物使画面生动透气，也填补了构图高度上的空缺，使画面完整。

透视效果图用单色铅笔处理。主体建筑突出，用排线的方式和面的形式来塑造形体。画面素描关系强烈，有很强的体积感。地面用橡皮擦工具进行处理，表现出了水体的流动和倒影关系，画面动感十足，反映出作者一定的表现能力。

作　　者	方显豪
表现方法	钢笔＋铅笔
用　　纸	绘图纸
用　　时	6小时

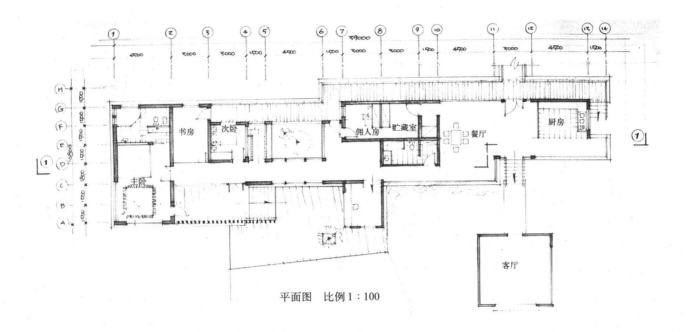

平面图　比例1:100

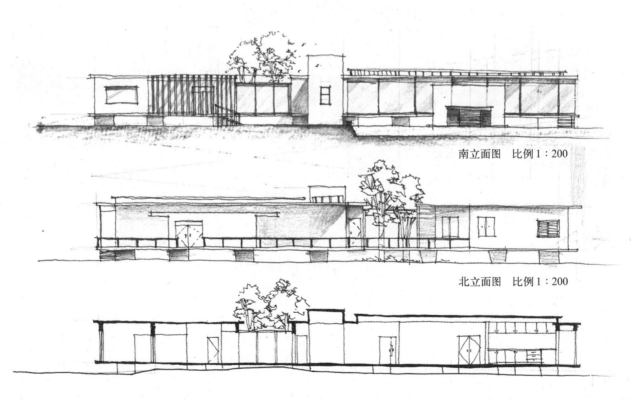

南立面图　比例1:200

北立面图　比例1:200

①~①剖面图　比例1:200

例5：小展厅设计

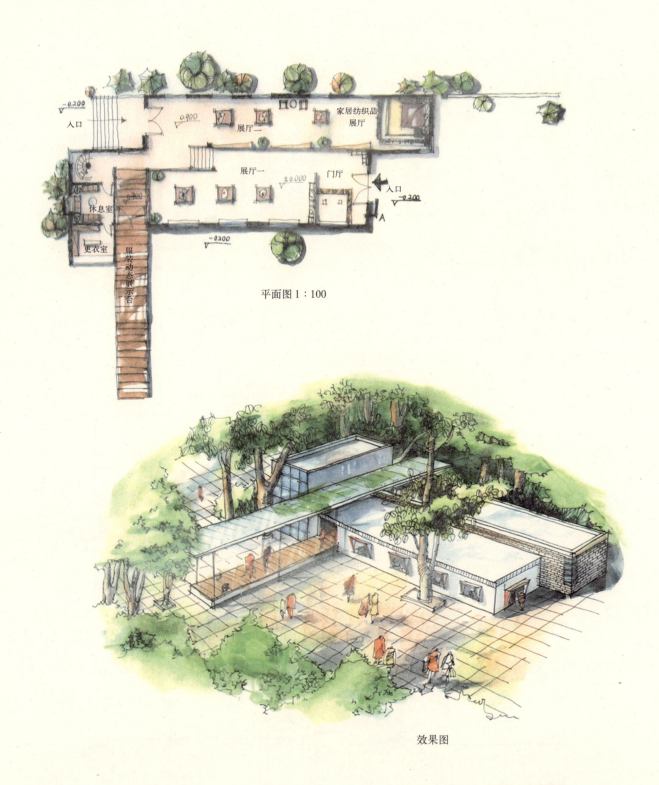

平面图 1:100

效果图

作　　者　　林海威
表现方法　　钢笔＋马克笔
用　　纸　　硫酸纸
用　　时　　6小时

点评

[设计]

　　此方案为某高校染织服装系的产品展示厅，空间体量不大，主要由四个方盒子组合而成。室内地面高差错落，参观路线较为清晰。主要设置两个出入口。动态展示台的存在是本设计最大的亮点。既可吸引游人又可提高展示品质。

[表现]

　　构图完整，重点突出。画面内容表现丰富，构图匀称，环境气氛表达充分。建筑立面不同材质的表现、植物的搭配，以及剖面图服饰展品展示效果的刻画，使得画面生动形象。透视图选择高视点，亦在突出建筑物的趣味中心。

西立面 1∶100

北立面 1∶100

剖面图 A—A

例6：小客栈设计

点评

[设计]

　　此方案拟建在某乡村山地的一片果园风景中。方案意在实现空气和阳光在建筑中自由流通，从而让建筑和环境之间建立起生动、自然的联系，并让建筑自由地"呼吸"。建筑采取"点"的形式实现空气的自由流动，再通过框格建立彼此间"线"的联系，同时充分考虑环境的条件，达到与周围环境的和谐。在材料选择上，为避免几何化产生的雕塑感，采取木条作为建筑外墙和框格材料，虚化建筑立面，并增强建筑内部和外部环境的联系。

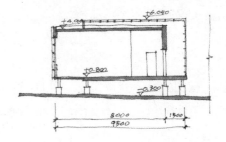

[表现]

　　马克笔表现手法娴熟，用笔潇洒，生动活泼。环境表现充分，用色明快大胆，变化丰富，效果突出。色彩深浅，虚实把握较好，有很强的色彩塑造能力。钢笔线条生动流畅，快速而简练。立面黑白灰处理得当，空间层次丰富。添加植物配景丰富图面，使画面活跃饱满。

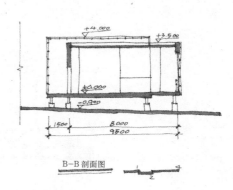

B-B 剖面图

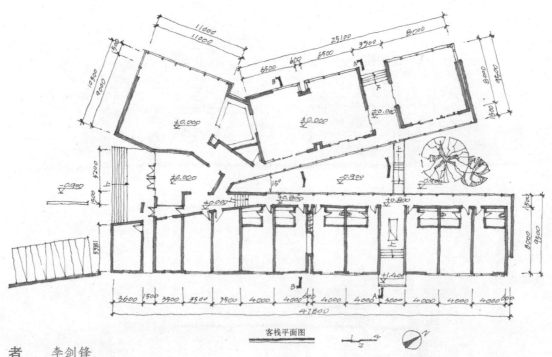

客栈平面图

作　　者	李剑锋
表现方法	钢笔＋马克笔
用　　纸	绘图纸
用　　时	8小时

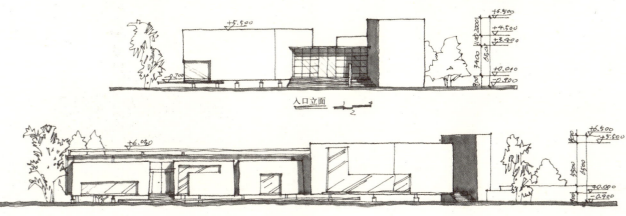

入口立面

西北立面图

例7：小别墅设计

点评

[设计]

此方案以一种半围合的姿态与自然发生对话。通过局部的出挑使建筑伸入湖中。通过大面积朝湖的开窗把水面纳入建筑。以模糊建筑与自然关系的手法来暗示一种更加生态、人性化的生活方式。

[表现]

运用了三种各不一样的表现手法。马克笔技法用笔大胆、快速而奔放。局部概念透视图体块分明，用色大胆。流畅简练的钢笔线条加上潇洒自如的彩铅排线技法，使得平面图动感十足。疏密有致的线条，罩上一层单色水彩，画面效果整体统一又不乏生动。配景表现技巧较好，树木勾画细腻活泼，线条组合灵活巧妙。

南立面透视图

鸟瞰图

北立面透视图

作　　者　　袁柳军
表现方法　　钢笔＋马克笔＋彩铅＋水彩
用　　纸　　绘图纸
用　　时　　8小时

室内局部透视图

建筑设计快题与表现

小别墅快题设计

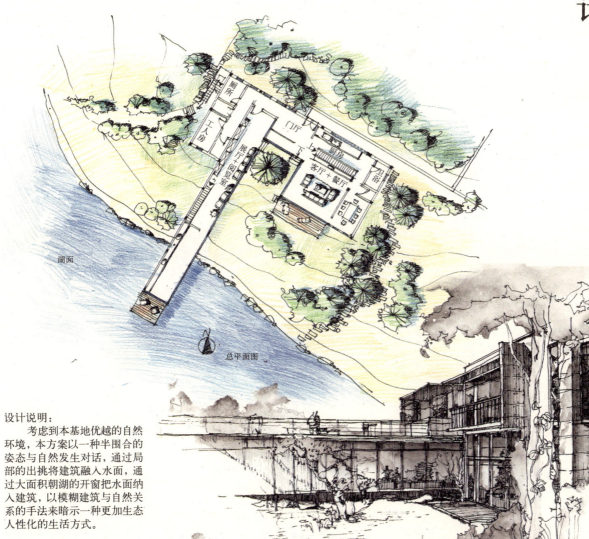

设计说明:
　　考虑到本基地优越的自然环境,本方案以一种半围合的姿态与自然发生对话,通过局部的出挑将建筑融入水面,通过大面积朝湖的开窗把水面纳入建筑,以模糊建筑与自然关系的手法来暗示一种更加生态人性化的生活方式。

例8：独立式住宅设计

点评

[设计]

本方案位于某景区附近，依山傍水，地理位置优越。在方案构思上对面水的南立面作了较多的考虑。采用变化较大的凹凸感营造空间，使建筑本身与自然产生互动。本住宅使用了较多的木栅和玻璃，使它与自然融合的同时又不失个性。

[表现]

画面简练概括，结构比例准确。钢笔线条疏密有致，清晰有力。透视图规矩而不拘谨，绘画快速。环境表现简练而不空荡，基本功较强。线条干劲洒脱，简繁有度。近景的树木处理得十分巧妙，使得构图富有情趣，形态丰富，反映了作者一定的表现组织能力。

作　　者	潘日锋
表现方法	钢笔＋马克笔
用　　纸	绘图纸
用　　时	7小时

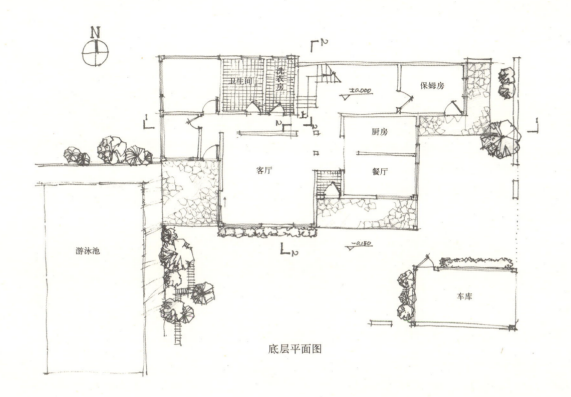

底层平面图

南立面图

东立面图

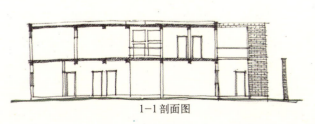

1-1 剖面图

例9：办公楼设计

点评

[设计]

　　本建筑为设计事务所，总建筑面积为1200m²左右，位于杭州西子湖畔。

　　设计充分体现了建筑本身与室内环境相互亲密接触这一设计理念。建筑内部功能分区合理优化，脉络清晰。通过拥有俯瞰西湖美丽景色的露台和建筑一层北侧出口部分的走廊便充分体现出来。建筑造型上，曲直结合，强调建筑体块感。材料主要将青砖和磨石板结合，并在立面大量使用玻璃通透材料，以达到庄重典雅又具有极强现代感的视觉震撼力。

[表现]

　　徒手钢笔线条运笔洒脱，技法熟练。线条奔放，快速而简练。刚柔并济，顿挫有致。有强烈的表现个性。

办公楼全景效果图

作　　者	孙天罡
表现方法	钢笔＋马克笔＋彩铅
用　　纸	绘图纸
用　　时	8小时

建筑设计快题与表现

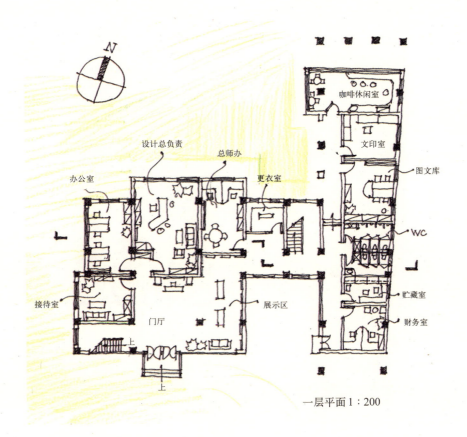

一层平面 1:200

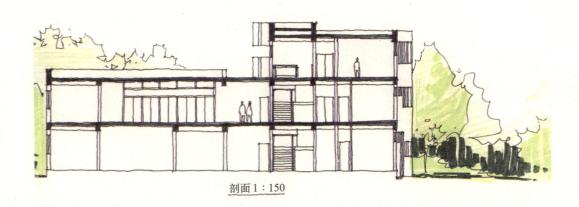

剖面 1:150

南立面 1:150

101

例10：小展厅设计

点评

[设计]

该设计选址在西湖边，一个展现陶艺专业特色风格的展厅。

建筑以正方体为母形，五个建筑体块叠加重组，错落有致。建筑立面虚实对比强烈。临西湖展厅立面采用透明玻璃，把西湖美丽的景色作为展厅的背景。很好地把基地临湖而置这一特色融入设计创意中。

[表现]

钢笔线条流畅，色调统一。透视视点的选择，较好地表达了建筑整体体块的空间层次感。在建筑立面表现上增加了投影效果，画面空间层次丰富。马克笔技法较熟练，用笔自如，效果明快，画面统一。

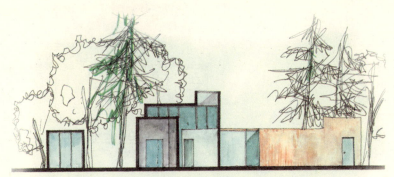

1-1 剖面图

西立面图

东立面图

作　　者	陈林
表现方法	钢笔＋马克笔＋彩铅
用　　纸	绘图纸
用　　时	6小时

建筑设计快题与表现

小展厅设计

103

例11：住宅设计

点评

[设计]

　　此方案建筑以"方盒子"为平面布局，简练概括。建筑造型简洁明快，立面层次丰富，手法现代。动静分区合理，交通流线组织科学。空间上追求室内外互融，内部空间互通，主次呼应。建筑实体组织有机，层次有序，与自然共生。

[表现]

　　透视关系准确，线描严谨。色彩轻松明快，虚实得当。建筑与配景的表现很到位。天空、水面渲染得透气生动，主体建筑褪晕效果变化丰富，注重了环境色在建筑立面上的影响。平面图表现个性十足，用色彩图底关系来交代建筑与周边环境的紧密关系。建筑立面线条流畅，结构比例准确。画面黑白灰处理得当。淡淡的彩铅把阴影关系刻画得生动细致，建筑的结构关系也就淋漓尽致地表现出来了。

作　　者　　何借东
表现方法　　钢笔＋水彩＋彩铅
用　　纸　　水彩纸
用　　时　　8小时

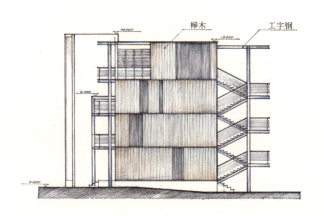

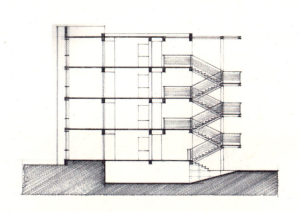

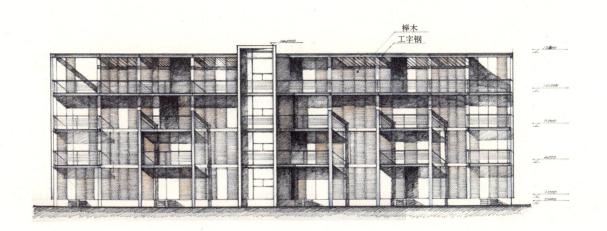

例12：小茶室设计

点评

[设计]

本方案是坐落在一处山坡上，面朝西湖的小茶室。由台阶与小桥将上下山的人流引入。建筑一反传统茶室的古典风格，采用了白墙，钢架与玻璃结构，又结合悬挑设计，充分体现了现代建筑的流畅、通透，现代感很强。大面积的玻璃幕墙视野开阔，使得游客在品茶的同时又能自在地欣赏周围美景，使环境最大限度地得到利用。西墙的不规则设计，既引进了光线又有装饰作用。淡化了建筑本身的一种形式，使得人在景中，人与自然更好地融合在一起。

[表现]

平面图的表达很好地交代了建筑与周边环境的关系，充分表达山地环境特征与建筑形象。建筑立面黑白灰处理得当，空间层次丰富。透视图中塑造建筑线条干劲简练，塑造植物线条潇洒大气，轻松快意。钢笔线条娴熟，生动豪放，画面冲击力强。

作　　者	俞小雪
表现方法	钢笔
用　　纸	绘图纸
用　　时	8小时

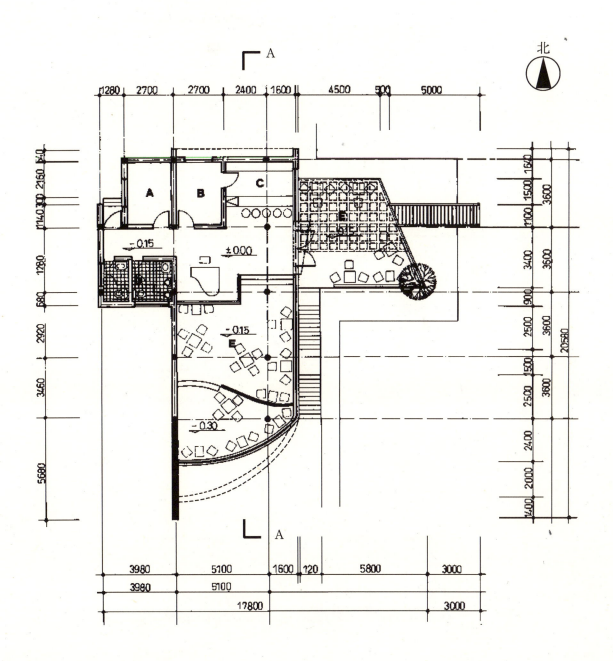

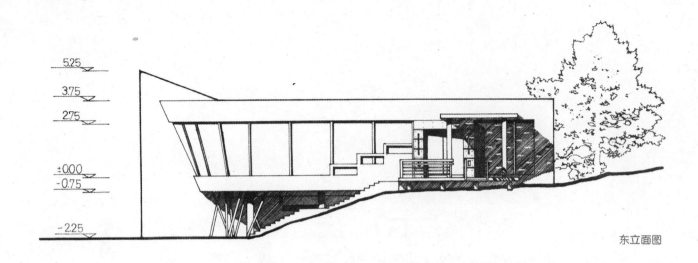

东立面图

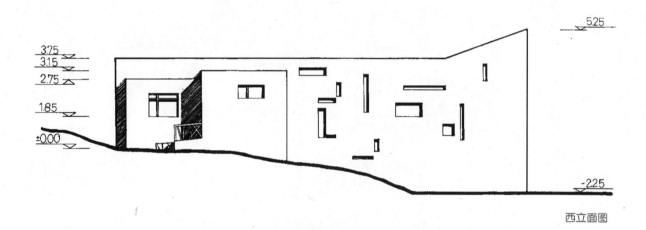

西立面图

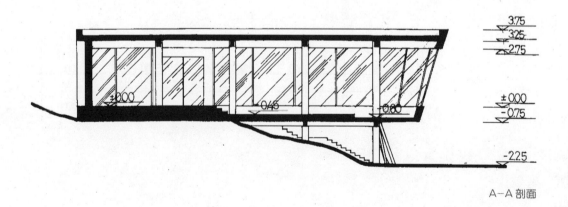

A-A 剖面

第四章 快题设计笔试及其综合面试注意事项

第一节　快题应试注意事项

　　一般的建筑快速设计考试，都要求在8小时(6小时、3小时等)之内完成快题设计，最终的成果表达包括平立面、剖面(及一些必要的分析)和透视表现图。从近些年国内各知名高校建筑设计专业考研题目来看，要求灵活、功能复合的特点成为一个较为明显的趋势。这些考题在地形、建设限制条件、周边环境及内部功能要求上多有特殊性的要求，使考生在规定的设计时间内解决这些问题，无法套用事先预备的所谓"万能平面"、"万能形式"等，更加真实地反映考生的设计能力。

　　虽然快速设计最主要的功力应在平时培养，无法临时飞越提高，但是考前的训练亦很重要。建议考生在考前应尽量选择各类有代表性的不同建筑性质、建筑功能和要求的快题加以练习，总结出处理各种空间形式的主要特征(如各种功能空间的尺度要求、常用规范要求、各种形体组织手法等)。熟悉各种细部处理(开窗形式、入口处理、立面手法等)和表现手法。概括出需要注意的要点、并能够发挥自己特长的技巧。

　　在考前，应根据要求事先准备好工具(包括铅笔、绘图笔、表现工具、草图纸、拷贝纸或硫酸纸、橡皮、小刀、供粘贴的双面胶和胶带纸、各种尺、规和模板等)。拿到试题后，切不可匆匆读题后立刻开始设计，应拿出20分钟左右的时间，仔细阅读、分析题意，将题目中明确和隐含的条件一一列出，形成一份自己看得懂的包括各种符号的原始草图。然后根据题目要求和自身作图特点，将剩下的设计时间做一个简单的计划，给每个环节的设计和表现规定一个大致时间范围，确保设计最终表达的完整性。

第二节　面试的注意事项

1. 面试绝对不是走过场

　　许多考生认为，研究生入学考试的面试不重要，只是走一下过场而已。他们认为如果笔试成绩比较优秀的话，那么面试的结果即便不那么尽如人意，也不必放在心上。显而易见，这种观点把研究生入学考试的面试，当成了一次随随便便的"形式游戏"。

2. 面试的权重在增加

　　事实上，面试在整个研究生入学考试中的参考比重，近几年来都有较为显著的增长。甚至有的学校把面试的成绩作为考试总成绩的一部分，而且，其占总成绩的百分比呈上升趋势。招生方式越来越倾向于并不仅仅只是看考生在试卷上所表现出来的内容，同时也要看考生在面临各种涉及面相对较多较广、甚至是意想不到的问题时，所表现出来的素质和随机应变能力，以及贯穿在整个面试过程当中考生的表现所透射出的对于专业学问的态度，处世和交际能力,避免高分低能和投机的情况发生。

总的来说,面试考官既看重考生的基础和工作经验(如果有工作经验的话),同时也考查学生的培养和发展的潜力。越来越多的大专院校逐步增加面试的权数。有理由相信,完全根据考试成绩来确立培养目标是有一定偏差的。

3. 面试可以决定你的成败

面试有多重要?它可以决定你的成功与失败。

现在考研究生不再是扩招之前的情况。现在招生量大,过线人多,过线本来就不一定能上学。更有甚者,有的学校允许导师在过线考生中决定要哪些学生,而不必参考前后排名的顺序,这样面试就显得极为重要。即使你专业总分考了第一名,面试失败照样导致落榜。这样的极端例子越来越多。

4. 专业面试——知识面涉及很广

面试涉及的知识点相当广泛。就建筑设计专业而言,设计思潮与流派、理论背景、专业史背景、工程点评等等,都有可能成为面试时主考官想和你探讨的主题。所以,考生需要在平时注意对各种知识点的掌握,并且注重理论联系实际,读本科时所接触到的任何实际项目设计,都有可能作为活生生的实例来佐证你对某个观点的认同或者否定,并且这也有助于你在进行某项观点的论述时,具备因参与实际项目所衍生的一定的话语权。

毕竟在此之前考生已经经过笔试,所以那种条条框框式的提问方式在面试中较为少见。主考官们多半会以探讨的语气和考生一起,就某个设计的主题和考生进行座谈。

在探讨的过程中,主考官会通过自己的方式,来揣测考生对于知识点的熟悉程度,以及对于这个知识点(或者说知识点群)是否有自己独到的见解。当然,这个独到的见解并非一定就是指与之南辕北辙、背道而驰的观点,也可以是通过这个知识点所衍生出来的其他想法,同样也可以看出考生在平时的学习中,或者在实际设计项目的接触中,是否动了脑筋将理论与实际相联系,而非纸上谈兵似的照搬和依葫芦画瓢,人云亦云。总之,认同要有认同的缘故,否定要有否定的道理。将你的想法全盘托出,是否其中夹杂着有偏差的理论认识并不是最重要的,反而,最为关键的是,你有没有自己的想法融于其中,有没有自己的感悟蕴涵其中,倒更容易激起主考官的欣赏,甚至引起他们的共鸣。

关于专业方面的面试类型有如下两种:

(1)单纯对知识点的考查和探讨。主要测试考生的基础知识。

例如,主考官会问:

——你有参与实际项目设计的经验吗?它与书本上所传授的设计程序与方法有什么不同的地方?

——你看过那本叫做《********》专业书吗?书中表达了什么主题?

(2)结合学校专业和个人的现状进行探讨。主要测试考生的专业兴趣。

例如,主考官会问:

——为什么要考我们学校建筑设计专业的研究生呢？如果考取我们学校的研究生，你准备做哪个方面的研究？在哪些方向上进行更进一步的学习和研究？有什么大致的计划呢？

——在本科建筑设计专业或其他专业的学习过程中，你对该专业的哪个方面比较感兴趣？为什么？

——你以前学过哪些课程？对什么课题感兴趣？教师用什么方法讲授这些课程？你有什么收获？

有些学校在面试的最后会安排考生的发问时间，让考生对学校及专业提出几个问题。主考官通常会从考生所提出的问题中，看出他是否对学校和相关专业的硕士点进行了一定程度的了解和关注程度。事先可以推敲一些准备问的问题，然后把这些问题装在脑子里，以备不时之需。问题可以与你感兴趣的建筑设计研究方向相关，也可以与你所关心的学校的教学和研究情况相关。

例如，如果你对设计心理学感兴趣，你可以咨询学校有关设计心理学的教学和研究情况。不过在面试过程中，因为时间的关系，不太可能就某个观点进行非常深入的交谈，毕竟这里只是考场，而非对不同观点进行辩驳和推敲分析的学习讨论环境。要懂得言简意赅地表达你的观点或者疑问，而不是钻牛角尖似的夸夸其谈，没有时间观念似的撒开了说。

(3)考查考生对专业现状的了解。这一点主要是了解考生的专业视野。

对专业现状的了解，是由考生的专业基础和对专业研究的关注决定的。这也是一个研究人员必须具备的基本素质。考官可能直接会问：

——你认为中国的建筑设计现状有什么问题？

——你对本研究方向熟悉程度如何？有何想法？等等。

(4)考查考生的专业实践能力。

设计是一门操作性很强的专业，建筑设计尤其是这样。脱离了实践，专业学习就会变得不完善。

——有过什么工作经历？谈谈你的工作经验。

——参加过哪些工程设计和施工管理？

这可能是考生必须准备的面试内容。

5.非专业面试——醉翁之意不在酒

有时候，除了本专业范畴的面试之外，有些学校还会安排其他内容的面试。一般来说，面试时主考官所提出的问题，主要局限在专业范畴，但非专业范畴的其他技能或素质，也属于主考官需要考查的范围。有时看似和专业无关，有时好像天南地北地聊天，其实一切尽在设计当中，考官想要知道的是现象下面的东西。只不过，专业面试是较为显形的，而非专业面试是以较为隐性的方式穿插在面试过程中，目的都是为了解学生的专业情况、做人、做事态度。

无论不同专业之间的差别有多大，学生们所需要拥有的基本素质总是相同的：对于学习的态度和对于生活的驾御能力。

实际上，对于一个考生学习与交际能力的判断，通常体现在自始至终的面试过程里。从考生进入面试考场的第一步，到最后离开考场的这一段过程，无论主考官针对何等专业提了何等问题，针对何种技能设置了何种面试主题探讨点，考生个人素质的高低程度、与人的互动能力的融洽程度，都融合在了考生的整个面试过程里。

主考官不只是征询考生对于专业的态度，探察考生对专业的熟悉程度，同时也会对考生在面试里所体现的个人素质、应对能力和交流表达能力进行一定的试探。所以，在准备过程中，我们不能仅仅只限于专业方面的刨根问底，同时也要在我们的日常生活中，养成良好的与人沟通的习惯。

6. 面试礼仪不可忽视

例如，在参加面试时，衣着保持干净整洁，尽量避免给主考官留下太随便、太拖沓的印象。面试时的正式装扮，应是比较文雅、成熟的，而不是由许多装饰品润色的服装。毕竟，主考官通常考查的是考生的知识技能和内涵修养，而不是打扮行头。自然就好。

同时，流利的表达也相当重要。语言能力是主考官评估你的一个重要指标。一般主考官都认为考生应该具备一定的交流表达能力，以及有在大家面前开口说话的勇气，这些都是最基本的面试技巧。说话的态度应保持平和，神情专注而诚恳，清晰沉着的表达自己的意见。

再者，在见到面试主考官之后，最好是能面带微笑的与其握手，并作自我介绍。在面试过程中，也要自始至终的注意，不要让面部表情过于僵硬，放松心态，适时保持微笑。

面试时，目光正视对方，这体现了对对方的尊重，同时也可以让主考官感到你很有风度，诚恳而不怯场。如果考生在面试中不停地低头看着脚下，或者目光左右游移，不但不礼貌，还可能会让面试官对你所说内容的诚信度产生怀疑。

沉着应对。当面试官问到一个相对比较繁复的重点问题时，例如要考生简单描述一下做过的一个项目，或者对某个大概念的认识并系统阐述。在回答之前，考生可以适当停顿几秒钟，留出一段思考的时间。这段时间考生除了可以组织一下其所要表达的内容之外，同时也可以让主考官觉得你是在认真的回忆过去的经历，或者在精心地组织论点的阐述。流利的表达，微笑的脸庞，这些都可以给你的面试加上特殊的、额外的分数。当然，最后面试结束之后，也要微笑着起身道别。

当然，这些都不仅仅只是在面试前才临时抱佛脚专用的，同时也是考生在日常生活中所应具备的基本素质。

7. 考生需要从心理上对面试做好准备

首先，要熟悉面试常见的形式和内容。如上述这几种类型。但也要对一些有可能碰到的特殊形式有所了解。毕竟，每所学校都有不同的面试方法。

但考生必须明确自己的目标,而报考的学校校方可能会提供给你什么方面的知识培养。

面试前几分钟可能并不会涉及实际问题,或者说专业相关的知识点。但这仍然密切关系到面试考官对考生的印象。因此,即使面试尚未进入核心部分,考生也要表现得自信、文雅。

一般的正式面试可能要持续30分钟左右。

8.考生需要从各方面做好准备

了解你所报考研究生的学校:

在准备校方安排的面试之前,考生最好能抽时间查看一下手头所搜集的各个有建筑设计专业硕士点的学校的资料,对学校所设置的硕士点进行一定程度的了解。例如:有哪些研究生导师?他们带的研究生的研究方向有哪些?想办法找找这些导师所带的学生,通过他们对研究方向进行一些了解,并与你自己的实际情况相结合。经常有这种情况,一个考上研究生的同学,紧跟其后会有一届又一届的师弟师妹考上同一个学校,甚至同一个专业的研究生。这就说明了解情况,知己知彼很重要。可以鼓足勇气亲自去拜访这些老师,请教他们相关的准备注意事项。向老师请教,有时候可以使考生的准备做得更充分。

对学校以及学校的相关专业硕士点有一定的了解,可以使考生感到自己有备而来,胸有成竹,在面试过程中不慌不忙,足够多的资料可以使考生相对游刃有余一些。

同时,对于有可能担任你面试主考官的导师也要进行一定的认识工作。因为每个主考官的研究方向不同,所以有的放矢地针对他们的研究方向进行准备,当然,最好也与你的长项相结合,比较有利于面试的顺利进行。

无论面试的结果怎么样,最重要的是,你经历过,你品尝过。当然,经历过,品尝过,就是成功的开始。面试只是人生旅途当中的一次小考验。仔细想想,其实生活中到处都是面试,入学、考试、相亲、求职等,又何尝只是考研究生需要面试?无论做什么事,无论面对什么样的面试和考验,都应该保持平常轻松的心态,平日养成认真求学和工作的好习惯,再怎么突如其来的面试和考验,也就都不需要我们花太多时间去准备了。

真心祝愿各位考生在研究生考试中取得优异的成绩!

第五章 部分院校历年试题汇编

北京建筑工程学院
重庆建筑大学
东南大学
华南理工大学
华中科技大学
湖南大学
南京大学
南京林业大学
深圳大学
天津大学
武汉大学
厦门大学
浙江大学
同济大学

北京建筑工程学院
1999年硕士研究生入学考试卷

考试科目：建筑设计

某高校建筑系馆设计

一、设计任务

江南某高校为改善建筑学专业的办学条件，拟在教学区建一座建筑系馆。总建筑面积5300m²(上下5%)。建筑结构及层数不限。

二、建筑内容及使用面积分配

1. 教学用房部分：

绘图专用教室12间，100m²/间，	1200m²
多媒体教室3间，60m²/间，	180m²
评图室3间，60m²/间，	180m²
美术教室2间，100m²/间，	200m²
计算机教室2间，60m²/间，	120m²
模型室2间，60m²/间，	120m²
摄影室40m²，暗室20m²	60m²
建筑物理实验室4间	320m²

其中：

声学实验室	100m²
热工实验室	60m²
光学实验室	100m²
仪器及管理室	60m²

2. 辅助用房部分：

图书资料室	240m²
多功能厅	240m²
展览厅(可与门厅、走道合并设置)	240m²
教研室8间，30m²/间，	240m²
设计室(教师及研究生共用)	60m²

3. 行政管理用房部分：

办公室6间，30m²/间	180m²
会议室	60m²
接待室	40m²
值班室	20m²
库房	30m²

三、设计要求

1. 教学用房部分设计结合环境与气候；
2. 空间组织与建筑造型体现建筑文化内涵；
3. 功能合理，流线顺畅，尽量利用自然采光和通风，注意消防安全；
4. 室外场地要充分绿化，并考虑自行车的停放。

四、图纸要求

1. 总平面图　　　　　　　　　1∶500
2. 各层平面图　　　　　　　　1∶200
3. 立面图(两个)　　　　　　　1∶200
4. 剖面图(两个)　　　　　　　1∶200
5. 透视图
6. 简要说明

注：一律用对开草图纸（或硫酸纸）作图（图幅约780mm×540mm）绘图工具及表现方法不限，全部设计过程草图随最后成图一并交卷。

2001年硕士研究生入学考试试题

考试专业：建筑历史、建筑设计专业
考试科目：建筑设计

教工活动中心设计

我国北方地区某高校为满足教工多方面业余活动的需要，拟在教工居住区内建设一座教工活动中心。用地形状及范围见附图。用地西部为现有教工食堂，东部转角处为一新建的书报亭，用地中部有一条原有步行道，设计时宜保留或略加改动，以方便居住区与北部教学区的便捷交通联系。总建筑面积控制在2000m^2左右(允许10%浮动)，层数自定，室外要留出活动场地，并考虑自行车停放及较多的绿化面积。要注意建筑形体与周围环境的协调。

一、建筑组成及面积

1. 门厅(含值班、管理等)面积自定；
2. 展厅或展廊 100～150m^2；
3. 报告厅(150座左右，软椅，附有音响控制室)面积自定；
4. 多功能厅(兼作舞厅、节日聚会场所等)150～200m^2；
5. 阅览室 60～80m^2；
6. 音乐室 60～80m^2；
7. 棋牌室 60～80m^2；
8. 绘画室 60～80m^2(分为两间，屋顶采光)；
9. 台球室 60～80m^2；
10. 健身房 60～80m^2(含更衣、淋浴)；
11. 茶座及小吃部 80～120m^2；
12. 操作间 50～60m^2；
13. 库房、管理、交通设施、卫生用房等面积自定。

二、图纸要求

图幅为半张草图纸，张数不限，表现方法不限，以充分表达设计意图为准。图纸内容应包括：

1. 总平面图　　　　　　　　　　1∶500
2. 各层平面图　　　　　　　　　1∶200
3. 立面图(不少于2个)　　　　　　1∶200
4. 剖面图(不少于2个)　　　　　　1∶200

5.透视图(画面大小应占半幅图面以上)
6.主要技术经济指标
7.简要设计说明(150字以内)

三、时间要求：8小时

重庆建筑大学
1999年硕士研究生入学考试试题

考试科目：建筑设计

汽车产品陈列馆设计

重庆某汽车生产工厂为接待国内外客户和来访人员，展示汽车生产新品种、新部件、先进生产工艺及设备，拟将原有弃置厂房一栋(附图)进行改造，并在其原有厂房基础上再扩建600m²，形成一整体式汽车产品陈列馆。

一、基地条件

改、扩建陈列馆用地位于工厂厂前区，地势平坦、交通便利、改扩建后可改善原有环境，展现汽车生产的工业科技水平和工厂时代面貌。

二、建筑规模

总建筑面积：2600~2800m²(以轴线计算)

其中对原有厂房1728m²的内部空间进行合理有效的利用和处理，另外新扩建面积600m²，使两者在功能和造型上有机结合起来。

三、设计组成

1. 接待室 90~100m²
2. 宣传资料室 45~90m²
3. 汽车展览室 500m²(大、中、小型样车)
4. 汽车零部件展室 300~500m²
5. 工厂汽车生产史陈列室 300m²
6. 声像厅兼产品发布会场 450m²
7. 放映室 30~40m²(声像厅附设)
8. 声、光控制室 30~40m²(声像厅附设)
9. 会议洽谈室 4×(40~50m²)
10. 产品服务部 90~100m²
11. 办公室 4×(20~30m²)
12. 其他 100~200m²(门厅、卫生间、值班室、贮藏室、茶水间等)

四、设计要求

改扩建工程应结合环境，新扩建部分层数作者自定。原有厂房大空间应结合使用功能合理改造，充分利用空间。改扩建陈列馆应满足汽车陈列使用功能及造型的艺术要求，并使原有建筑与新扩建部分形成有机的整体。原有厂房主体承重结构(柱、山墙、屋顶)不应变动，改扩建后的汽车陈列馆内外环境及建筑造型应具有与使用性质相协调的艺术特色。

五、图纸要求

1. 总平面图　　　　　1∶500（可在地形图上完成，贴于正图上）
2. 平面图　　　　　　1∶250
3. 立面图　　　　　　1∶250（1个）
4. 剖面图　　　　　　1∶250（1~2个）
5. 透视图　　　　　　表现方法不限
6. 简要说明　　　　　50~100字
7. 图纸规格及表达　　图幅594mm×420mm，白色绘图纸墨线绘制，可使用仪器，亦可用徒手表现

六、完成时间 8 小时

2000年硕士研究生入学考试试题

考试科目：建筑设计

一、建筑总平面设计(20分)

(一)设计条件：

1. 建筑为位于城市商业区的一幢综合大楼，由商业和办公两部分组成。
2. 建筑用地(见地形图一)北面及东面临道路一侧允许内部车行道向城市道路开口。
3. 总用地面积为4472m²。
4. 总建筑面积(不包括地下层)20000m²，其中办公面积12000m²，商业面积8000m²。
5. 建筑密度不大于45%。
6. 地下停车泊位60辆，地面按小车停车泊位6辆考虑。

(二)图纸要求(徒手)：

1. 作出总平面布置图：比例1:500。
   a. 布置建筑、道路、地面停车位及广场、绿地。
   b. 标注建筑外形各部分尺寸及建筑总尺寸。
   c. 标注出与周围环境相关的必要尺寸。
   d. 标注出内部道路的坡度、起始标高、道路宽度。
   e. 标注办公入口、商场顾客入口、商场后勤入口、地下停车库入口位置。
   f. 标注建筑层数及首层标高。
2. 简单表达建筑体量透视(图面尺寸不超过200mm×300mm)。

二、某建筑学院国际学术交流中心方案设计(80分)

(一)设计条件：

我国南方某建筑学院，为加强与国外建筑院校学术交流，拟在院内建设"国际学术交流中心"。

1. 基地：该基地位于校园内，基地范围建筑红线内面积约5000m²，建筑密度不大于40%，绿地面积不小于30%。
2. 设计内容：包括建筑的公共活动部分、服务部分和办公部分。总建筑面积控制在3000m²左右(±10%)，其参考使用面积如下：

   接待休息(兼门厅)：250m²
   建筑陈列室：280m²
   建筑创作咨询室：50m²
   多功能报告厅(包括小型舞台、同声传译和相应附属用房)：400m²
   中、小型会议室：共300m²
   中餐厅、西餐厅及相应的厨房：共300m²

小卖部：30m²

酒吧：30m²

综合性办公室：35m²

晒图及打印室：共35m²

设计竞赛活动室：110m²

模型制作及库房：共70m²

资料室：210m²

空调机房(自定)

其他：视情况自行考虑过厅、洗手间、储藏、衣帽间等面积。

(二)图纸要求(徒手)：

1. 总平面图：1:500

2. 平面图：1:100~200(应标注轴线尺寸，主要公共使用部分应表示家具布置的意向)

3. 主要立面图(2个)：1:100~1:200

4. 典型剖面图(1~2个)：1:100~1:200

5. 透视图：彩色渲染、表现方法不限，图面尺寸不小于250mm×350mm

6. 简要设计说明

东南大学
1999年攻读硕士学位研究生入学考试试题

考试科目：建筑设计

学生生活区规划与建筑设计

为了大力发展我国的职业教育，更好的多层次培养人才，某市(南方、北方自选)教育部门决定为该市职业教育中心新征地100亩(约66.66hm²)，其建设方案是总体规划一次到位(见图1示意)各项目工程分期实施，三年内完成。第一阶段先实施教学主楼和学生生活区，现要求对学生生活区进行规划与建筑设计，提出如下设计任务与要求：

一、进行学生生活区规划设计(地形详图2)
(一)内容
1. 宿舍：应容纳男生600人，女生350人
2. 浴室：700～750m²(含锅炉房130m²，水泵房30m²)
3. 学生食堂及活动中心：2400～2600m²
4. 室外环境规划：包括道路、场地、生活区门卫、布告栏、自行车存车、后勤堆场等

(二)要求
1. 建筑距北面道路中心线不小于20m。
2. 第1，2项(宿舍、浴室)不需做单体设计，但在总平面上应画出各单体的平面形状及内部功能分区示意，并注明层数，其各建筑项目要符合规定面积要求。
3. 第3项(学生食堂及活动中心)需做单体设计，其设计内容详见下列第二大项要求。
4. 从学生宿舍到食堂途中应有遮雨雪设施，可不计面积。

二、进行学生食堂及活动中心设计,总建筑面积为2400～2600m²
(一)内容
1. 餐厅2个各400m²
2. 厨房600～700m²(包括：主食库、副食库、冷库、主副食操作间、点心房、备餐、办公、男女更衣、男女厕所、浴室等(面积分配自定)，燃料烧煤)
3. 舞厅：　　　　　　　　　　200m²
4. KTV：　　　　　　　　　　50m²
5. 健身房：　　　　　　　　　50m²

6. 小组活动室：　　　　　　8×24m²
7. 录像室：　　　　　　　　30m²，60m² 各一个
8. 贮藏室：　　　　　　　　2×15m²
9. 管理：　　　　　　　　　2×15m²
10. 厕所、门厅等自行考虑

(二)要求

1. 与宿舍、浴室的群体关系和谐有机
2. 平面功能合理、流线通畅、互不干扰、符合规范
3. 结构简洁
4. 造型新颖

三、图纸

1. 总平面　　　　　　　　　1：500
2. 单体各层平面　　　　　　1：200
3. 剖面(1个)　　　　　　　 1：200
4. 立面(1个)　　　　　　　 1：200
5. 透视：方法不限

四、时间：8小时

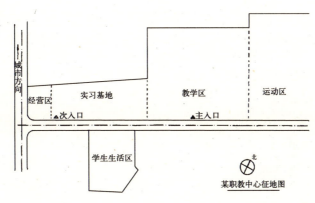

2000年攻读硕士学位研究生入学考试试题

考试科目：建筑设计

高速公路某站服务区设计

为适应我国高速公路发展的需要，拟在沪宁高速公路某地兴建一座服务区，用地详见地形图。

一、设计内容（总建筑面积2300m²）

1. 大型公厕　　　　　　220m²
2. 休息厅　　　　　　　400m²
3. 快餐厅　　　　　　　250m²
4. 厨房　　　　　　　　180m²（包括备餐，库房等）
5. 商店　　　　　　　　70m²
6. 管理　　　　　　　　2×20m²
7. 小餐厅　　　　　　　100m²　另附备餐60m²
8. 会议　　　　　　　　60m²
9. 客房(4间标准间)　　　120m²
10. 办公　　　　　　　　100m²
11. 其他：包括连廊，各层厕所，塔楼等自定

二、设计要求

1. 功能合理，方便乘客使用
2. 造型简洁、新颖、具有现代感

三、图纸

1. 各层平面　　　1:200
2. 立面(2个)　　　1:200
3. 剖面　　　　　1:200
4. 透视：表现方法不拘

四、时间

8小时

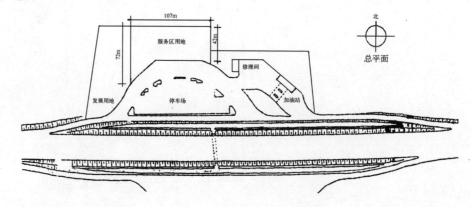

华南理工大学
2000年攻读硕士学位研究生入学考试试题

(试题附在答案内交回)

考试科目：建筑设计(含建筑绘画和原理)

适用专业：建筑历史与理论，建筑设计及其理论

村镇办公楼

一、基地状况

建设基地位于我国南方某村中心地段，用地南临镇的主干道，西邻镇文化中心(原祠堂改建)，周边皆为民居。用地总面积5705m²，地势平坦(详见地形图)，拟建一镇办公楼和镇的活动、休憩空间。

二、基地要求

1. 总建筑面积1500m²(可在10%内调整)；
2. 除厨房和储藏空间外，其他房间内均需布置主要家具；
3. 总平面图上要详细表达镇的公共活动空间(环境设计)；
4. 要注意配套相关的空间和用房。

三、设计内容

(一)办公部分

1. 值班、收发室	20~25m²(2~3人办公)
2. 村建办	35m²(4~5人办公)
3. 财务室	25~30m²(4人办公)

(上述三室靠近门厅)

4. 医务室	12~15m²(2人办公)
5. 妇联办	25~30m²(3人办公)(含妇女检查间)
6. 书记、村长办	25~30m²(2人办公)
7. 副村长、民兵营长办	30~35m²(6人办公)
8. 治安保卫办	80~90m²(16~18人办公)

要另设出入口，门外设停放自行车、摩托车场地

9. 储藏间	15m²

(二)会议部分

1. 大会议室	150~200m²(设主席台)
2. 大会议室	40m²(设主席台)

(三)治保员宿舍(面积可自行控制)

4间宿舍，每间住3人，要配套浴厕和盥洗间(全部均为男性)

(四)其余室内部分

交通空间和公共卫生间按需自行安排

(五)户外空间

1.办公楼区

(1)主入口附近设停放8~10辆小汽车和自行车、摩托车停放场。

(2)治安保卫办入口附近设自行车、摩托车停放场。

2.镇公共活动区

(1)硬质地面区

供村民公共活动,并设小舞台,此区可供篮球活动,篮球场边线尺寸为15m×28m。

(2)休憩活动区

供成年人、老年人和儿童休憩活动。

四、图纸内容及要求

1.总平面图(含环境设计)   1∶500

2.各层平面图   1∶200

3.立面图2个   1∶200

4.剖面图1~2个   1∶200

5.彩色外观透视图一幅,表现方法自选,图幅为A2图纸或其一半

6.主要技术经济指标和简要文字说明

7.图面表现形式自选

8.图纸规格:A2图幅(420mm×600mm)

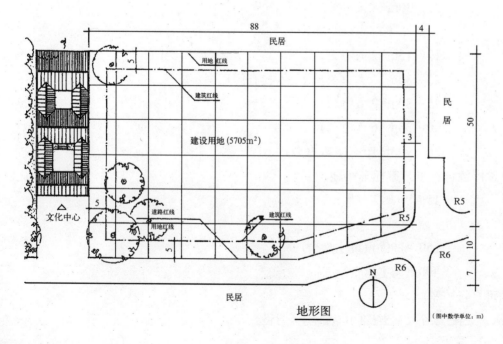

地形图

(图中数字单位:m)

2002年攻读硕士学位研究生入学考试试卷

（请在答题纸上做答，试后本卷必须与答题纸一同交回）

考试科目：建筑设计(作图)
适用专业：建筑历史与理论、建筑设计及其理论、建筑技术科学

风景区茶园建筑

一、基地状况

1. 项目拟建于我国南方茶风景区茶景点内，景点用地1.2hm²，茶园用地1033m²，景点以展现中国茶文化为主题。

2. 景点南侧山麓为风景幽雅的热带雨林天湖景区，东西两侧为山地，郁郁葱葱。茶园和整个景点场地均较平坦。

二、项目功能与基本要求

1. 项目功能

茶园为游客提供休憩、茗茶、小区和观景场所，茶园内也具有展示中国茶文化(中小型茶实物和展板)功能。

2. 基本要求

(1) 茶厅与茶文化展示两类功能可分区设，也可混合安排；
(2) 总建筑面积680m²（可在10%内调整）；
(3) 建筑层数：以两层为主。

三、设计内容

1. 室内用房

(1) 值班室(接待求助或反映情况的游客)	30m²
(2) 值班办公室(2人)	15m²
(3) 景点办公室(3人)	35～40m²
(4) 值班宿舍(双人房)	15m²
(5) 茶厅、茶文化展示厅	350m²
(6) 厨房	120m²
(7) 配置洗手间、交通、休息等功能空间	
(8) 储物间	6～10m²

2. 室外空间

观景、休息空间(总平面和首层平面要表示环境设计)

四、图纸内容及要求

1. 总平面图(含环境设计)　　　　1:500 或 1:400

2. 各层平面图（主要用房要布置家具，首层平面尚需表现周边环境）
              1∶200
3. 立面图 2 个   1∶200
4. 剖面图 1～2 个   1∶200
5. 彩色外观效果图 1 幅，表现方法自选，画幅为 A2 图纸或其一半
6. 主要技术经济指标和简要文字说明
7. 图纸规格：全部图纸（含效果图部分）均为 A2 图幅
8. 图纸表达形式自选

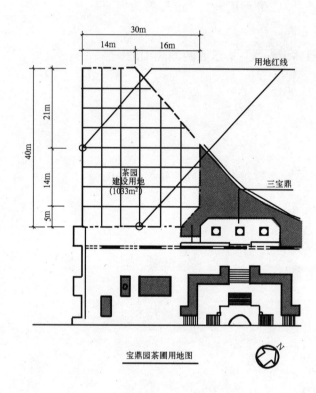

宝鼎园茶圃用地图

2003年攻读硕士学位研究生入学考试试卷

(请在答题纸上做答,试后本卷必须与答题纸一同交回)

考试科目:建筑设计(作图)

适用专业:建筑历史与理论、建筑设计及其理论

近代名人故居纪念馆建筑设计

一、项目背景

某名人籍贯为我国南方某小城市,其故居为国家一级文物保护单位,国家为此现代名人兴建故居纪念馆,主要用于展览、介绍名人的生平及文物,让后人缅怀学习此名人为国家和民族奋斗的精神。

二、基地状况

建设基地地势平坦,周边为小青瓦、灰砖墙的民居所簇拥,西侧有名人的故居和少年读书处,北面有昔日的"钱庄",南面路旁为一长方形水池,北面名居群的背后为郁郁葱葱的山体。

三、设计基本要求

1. 新建的纪念馆要和周边的自然环境和建筑环境有机结合,特别要注意纪念馆和毗邻的名人故居、名人少年读书处及周边民居群的内在关系;
2. 新建建筑要注意地域性气候和文化;
3. 用地面积2688m², 总建筑面积2200m²(可在10%内调整);
4. 建筑层数:低层;
5. 在纪念馆广场安置名人立像;
6. 用地内大榕树要保留。

四、设计内容

1. 过厅、门厅
2. 休息室　　　　　　　　　90m²
3. 商店　　　　　　　　　　50m²
4. 展览厅　　　　　　　　　780m²
5. 阅览室　　　　　　　　　50m²
6. 办公室　　　　　　　　　2×30m²
7. 设备房　　　　　　　　　25m²
8. 储藏室　　　　　　　　　25m²
9. 其他配套用房和空间:洗手间、交通空间、休息空间等
10. 机动车停车场设在村口

五、图纸内容及要求

1. 总平面图(含环境设计)　　　　　1∶500 或 1∶400
2. 平面图(要表达周边环境)　　　　　1∶200
3. 立面图（2个）　　　　　　　　　1∶200
4. 剖面图（2个）　　　　　　　　　1∶200 或 1∶100
5. 彩色外观效果图一幅，表现方法自选，画幅为 A2 图纸或其一半
6. 主要技术经济指标和简要文字说明
7. 图纸规格：全部图纸(含效果图部分)均为 A2 图幅(420mm×600mm)
8. 图纸表达形式自选(效果图按上述要求)

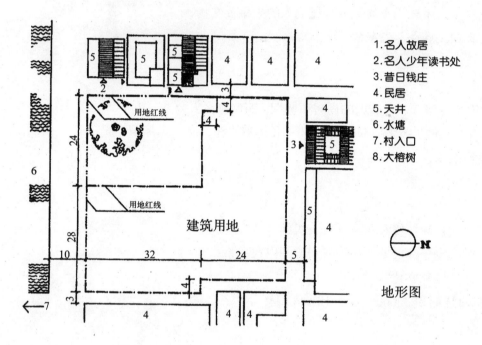

1. 名人故居
2. 名人少年读书处
3. 昔日钱庄
4. 民居
5. 天井
6. 水塘
7. 村入口
8. 大榕树

地形图

华中科技大学
2003年招收硕士研究生入学考试试题

考试科目：建筑设计
适用专业：建筑设计及其理论

（除画图题外，所有答案都必须写在答题纸上，写在试题上及草稿纸上无效，考完后试题随答题纸交回）

大学生活动中心

一、设计要求

在武汉市某大学校园内拟建一大学生活动中心，为大学生提供一个交流、学习、娱乐的场所。具体要求如下：

1. 结合场地条件合理设计。
2. 满足基本使用功能要求和任务书所规定的各项面积指标。
3. 结构选型合理，造型简洁美观。
4. 符合国家有关规定及规范。

二、使用功能及面积指标

1. 大报告厅：	可容纳400人
2. 大会议室：	80m²
3. 小会议室：	2×30m²
4. 展览厅：	400m²
5. 科技制作室：	2×30m²
6. 多功能厅：	200m²
7. 健身房：	200m²
8. 台球室：	80m²
9. 乒乓室：	80m²
10. 棋牌室：	80m²
11. 网吧：	200m²
12. 咖啡厅：	120m²
13. 制作间：	15m²
14. 行政管理用房：	2×15m²

以上空间为必备空间，其他空间如设计者认为必要，亦可自行增加，但总建筑面积不超过4000m²。

三、图纸要求

1. 各层平面图　　　　　　1：200

2．立面图（两个）　　　　　　1：200

3．剖面图　　　　　　　　　　1：200

4．总平面图　　　　　　　　　1：500

5．透视及比例表现方法不限

6．主要经济技术指标

7．设计说明：　　　　　　　　不超过 500 字

注：图纸规格：一律采用 A2 图纸

四、评分标准

1．总体布局结合环境特点　　　20 分

2．平面功能合理，流线通畅　　20 分

3．建筑造型新颖独特　　　　　20 分

4．图面表现　　　　　　　　　20 分

5．结构形式合理　　　　　　　10 分

6．技术经济指标准确合理　　　10 分

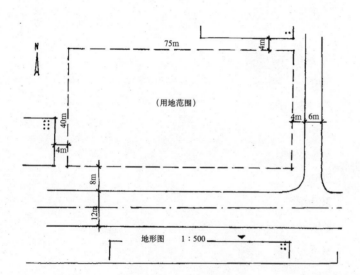

2004年招收硕士研究生入学考试试题

考试科目：建筑设计
适用专业：建筑设计及其理论

(除画图题外，所有答案都必须写在答题纸上，写在试题上及草稿纸上无效，考完后试题随答题纸交回)

城市博物馆(总分150分)

一、场地条件

长江中下游某海滨城市旧城区，形成于19世纪末20世纪初，根据该区历史形成的风貌特点，结合该城市发展的需要，此区最终被规划部门确立为商业及文化休闲区，以提供市民及外来旅游者休闲、观光、购物之场所，城市博物馆建设场地参见"用地红线图"，建筑后退红线距离可根据城市景观、场地交通以及相关规范的一般要求自行控制。

二、建筑主要功能

城市博物馆主要为市民及来访者提供展示该城市历史文化、民俗风情、著名人物及历史事件等之场所。

内容包括：

1. 陈列区：基本陈列室、专题陈列室、临时展室、室外展场、进厅、报告厅、接待室、管理办公室、观众休息室、厕所等。
2. 藏品库区：库房、暂存库房、缓冲间、制作及设备保管室、管理办公室。
3. 技术和办公用房：鉴定编目室、摄影室、消毒室、修复室、文物复制室、研究阅览室、管理办公室、行政库房。
4. 观众服务实施：纪念品销售及小卖部、小件寄存所、售票房、停车场、厕所等。

总建筑面积：4000m²（误差100m²）

三、成果要求

总平面图：1:500，附必要的说明文字或注释。

各层平面图：1:200，应注轴线尺寸及总尺寸，各层面积。附必要的说明文字及注释。

主要立面图：1:200，2个以上，应注关键位置标高，附必要的说明文字或注释。

剖面图：1:200，应注关键位置标高，附必要的说明文字及注释。

外景透视图：不小于A4大小。

图幅及用纸：A2拷贝纸。

图纸绘制：徒手或工具线条，表现方法不限。

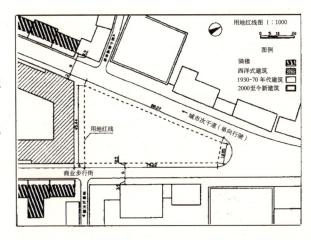

湖南大学
2000年招收攻读硕士学位研究生入学考试试题

考试科目：建筑设计

专　　业：建筑设计及其理论

某实习基地方案设计

某大学拟在南方沿海城市兴建设计分院,平时作为校办产业对外承接建筑设计业务,寒暑假可接纳一个常规班(30人左右)的生产实习。该设计分院建成后,将成为建筑专业学生相对固定的实习基地。

一、设计内容

1. 设计室（STUDIO）：　　　　　　　　300m²
2. 接待及洽谈室：　　　　　　　　　　50m²
3. 院办公用房(院长、设总、院行政等)：4 × 15m²
4. 模型室（含仓库）：　　　　　　　　60m²
5. 资料室：　　　　　　　　　　　　　60m²
6. 晒图室：　　　　　　　　　　　　　40m²
7. 食堂、厨房：　　　　　　　　　　　120m²
8. 多功能厅(会议、娱乐、室内运动等)：150m²
9. 双床间宿舍：　　　　　　　　　　　20间 × 30m²
10. 门厅及展示面积：　　　　　　　　　120m²
11. 辅助用房（传达、卫生间、开水间、配电、杂物间等）：80m²
12. 车库（3个标准车位）：　　　　　　50m²
13. 篮球场、停车坪(3~5个车位)、绿化、环境小品等

二、设计要点

1. 分院职工住宿不在本题考虑；
2. 学生宿舍闲时考虑对外营业，招待所档次；
3. 建筑不超过3层，总建筑面积：2500m²（10%）；
4. 充足自然采光通风；
5. 总平面布置不留发展余地，不留设计死角；
6. 提示：功能分区、空间组织、流线设计、房间规格、建筑类型特征；
7. 基地允许向城市道路开一个口。

三、图纸要求

1. 总平面　　　　　　　　　1∶500～1∶300
2. 平面、立面、剖面　　　　1∶200(立面图1～2个，剖面图1～2个)
3. 效果图(建议线条淡彩，图幅不小于225mm × 300mm)
4. 技术经济指标(总建筑面积、建筑密度、绿地率等)

2001年招收攻读硕士学位研究生入学考试试题

考试科目：建筑设计
专　　业：建筑设计及其理论、建筑技术科学

某高校专业教学楼设计

某高校(南方地区)拟建一幢建筑学专业教学楼，建筑面积3800m²(10%)，高度5~6层，建设位置及用地见附图。该教学楼仅满足日常教学需要，教师及行政管理用房利用附近原有用房。

一、设计要求

1. 建筑功能满足相应规模及行为要求；
2. 分区合理，流线顺畅；
3. 空间布局有一定设计意念，尺度及比例适宜；
4. 结构选型合理，可行；
5. 建筑造型符合该类建筑特征，也可有个人风格；
6. 建筑间距及朝向符合南方地区通常要求；
7. 重视环境文脉和环境设计。

二、设计内容

1. 专业绘图教室（分间由考生定）：5个年级，每年级3个班，每班30人，楼内学生总人数：5×3×30=450人，按2.5m²/人，专业教室需1125m²
2. 公共教室：　　　　　　　5~6间，60m²/间
3. 合班大教室：　　　　　　1间，100~110m²，阶梯式；
4. 展厅(兼评图教室)　　　　1间，100~120m²；
5. 图书资料室　　　　　　　1间，100~120m²；
6. 中心机房　　　　　　　　1间，100~150m²；
7. 模型车间　　　　　　　　1间，100~110m²；
8. 美术教室　　　　　　　　2间，80~100m²；
9. 教员休息室　　　　　　　每层1间，20~30m²/间；
10. 卫生间、门厅、传达、器材存放等辅助用房由考生定。

三、图纸要求

1. 总平面大于等于1：500，主要平面、立面、剖面大于等于1：300(要求按照方案图深度标注尺寸、标高等)。
2. 建筑表现图，图幅大于等于200mm×300mm，彩色效果(建筑技术科学专业考生可不画此图)。

3.建筑详图大于等于3处，按平面局部放大图，立面细部、构造详图等，比例自定(建筑设计及理论专业考生可不画此图)。

四、注意事项

1.可用1号，2号图幅，铅笔、墨线均可；纸质不限。
2.设计专业要求完成(三)1+2，技术专业要求完成(三)1+3。

2002年招收攻读硕士学位研究生入学考试试题

招生专业：建筑设计及其理论
考试科目：建筑设计

红房子城市酒店设计

某开发商拟建一座城市酒店，沿用现有字号"红房子"，规模4000m^2，限高24m以下，用地见附图，设计任务和要求如下：

一、设计任务

1. 住宿：带卫生间标准房22~26间，有服务员用房，如值班、布草等，有小型公用卫生间；
2. 餐厅：大餐厅500~600m^2，雅座间200~300m^2(宜分成若干间)，厨房400m^2；
3. 康乐：歌厅300m^2(带小舞池)，健身房300m^2(器械运动和乒乓球)，酒吧150~200m^2；
4. 其他：大堂，管理用房，配套用房(公用卫生间，配电间，必要设备用房及管井等)，交通面积(楼梯，走道等)，小计面积800~1000m^2。

二、要求与提示

1. 总平面布置时要考虑停车8~10个车位；
2. 要满足现行规范关于安全疏散的要求；
3. 面积准确度10%；
4. 若做地下室或半地下室，则不计面积；
5. 造型手法可以商业"味"；
6. 对功能部分，应采取正确的入口方式；
7. 结构选型适当并注意不同功能用房的层高要求。

三、图纸

1. 总平面　　　　　　　　　　1∶500
2. 主要平面、立面、剖面　　　1∶200~1∶300
3. 效果图(建议有色彩)
4. 图幅1号、2号均可，纸质不限，表达方式任选，建议多用徒手绘制

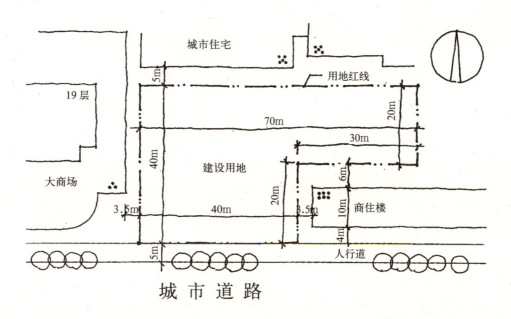

湖南大学 2000 年附图

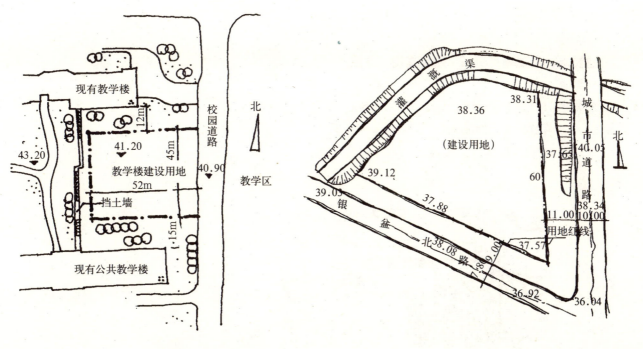

湖南大学 2001 年附图　　　　　　　　湖南大学 2002 年附图

南京大学
2001年攻读硕士学位研究生入学考试试题

考试科目：建筑设计
专　　业：建筑设计及其理论

社区活动中心设计

某居住小区内拟建一社区活动中心，平时可作为小区内的老人活动之家，周末和晚上可作为居民俱乐部，寒暑假期间可作为青少年之家。

场地南北方向60m，东西方向30m。

建筑内容：
舞厅：	200m²
书场：	200m²
乒乓室：	100m²
活动室(5间)：	250m²
值班室	
管理用房	
卫生间	
门厅及交通空间：	250m²
总建筑面积：	1000m² (10%)

场地要求：覆盖率＜30%　建筑高度＜3层

图纸要求：(1)总平面　　　1:500
　　　　　(2)平面、剖面　1:500
　　　　　(3)表现图(形式不限)。

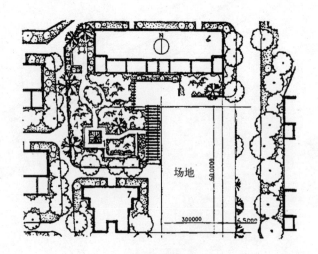

2002年攻读硕士学位研究生入学考试试题(6小时)

考试科目：建筑设计
专　　业：建筑设计及其理论

注意：

1. 所有答案必须写在"南京大学研究生入学考试答题纸"上，写在试卷和其他纸上无效；
2. 本科目允许／不允许使用无字典存储和编程功能的计算器。

现代艺术画廊设计

某艺术学院拟建一座现代艺术画廊，为教师和学生提供展示艺术作品的空间和交流创作思想的场所。

1. 设计要求：

现代艺术画廊拟建在音乐家与美术系之间的场地内(如图所示)，用地范围约为3500m²，要求建筑占地面积为350~400m²，总建筑面积为420m²。请在用地范围内选一画廊用地，画廊以一层为主，局部二层。另外，现用地范围内有一将要拆除的公共厕所，为此拟建的艺术画廊需包括一部分对外开放的公共厕所。

2. 建筑面积：

展览：	250m²(包括门厅及交通面积)
研讨：	80m²
管理：	20m²
储藏：	30m²
公共厕所：	40m²

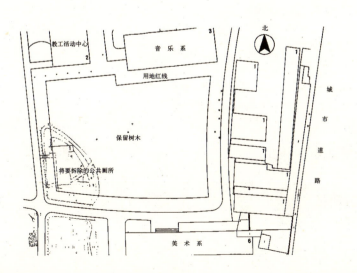

南京林业大学
2001年攻读硕士学位研究生入学考试

考试科目：园林建筑设计

某公园拟在水边建一组水榭、亭、廊组成的景点，供有人观景、休憩之用，场地中的水面、主次道路、主要人流方向、地形等基本情况见地形图。

一、设计要求

1. 选址应考虑整组建筑与山林地和水面的空间与视觉关系，解决好建筑与景区中人流方向及现有道路之间的关系。
2. 根据设计内容，合理安排建筑的观景、点景与服务功能；作好建筑中的空间及人流组织。
3. 可根据考生所在地的地理与人文条件，同时结合园林建筑的特点确定建筑的设计风格。
4. 整组建筑的空间应富于变化，建筑形式应统一。
5. 建筑体量要适宜，造型应有个性。

二、设计内容

1. 亭、榭、廊一组建筑，面积自定；其中应考虑小卖部及辅助用房，面积共25m²。
2. 设置供游客坐憩观景平台一处，面积不小于100m²。

三、图纸与作图要求

1. 总平面图　　1：500
2. 建筑平面　　1：100

   要求：(1) 标准轴线间尺寸；
   　　　(2) 地面标注标高；
   　　　(3) 标注设计内容。
3. 主要立面(1个) 1：100 或 1：50
4. 剖面
5. 建筑效果图用透视或者鸟瞰均可，表现方法不拘
6. 作图可用尺规，也可徒手，但线条要清楚，符合制图规范要求
7. 所有图纸均为A2幅面，除了拷贝纸、描图纸等透明的纸不能用外，其他纸张均可

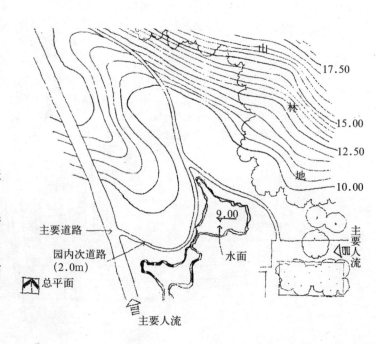

2002年攻读硕士学位研究生入学考试

考试科目：园林建筑设计

某高校为纪念本校一位杰出的科学家，拟在校园内建一纪念亭，以增加校园文化氛围，纪念亭的用地位置及周边现状环境见地形图。

一、设计要求

1. 充分利用纪念亭场地周边的环境，安排好纪念亭及其场地，使其满足交通、使用及观景等几方面的要求；
2. 纪念亭可独立，也可成组布置；其面积根据设计自定；
3. 纪念亭外部场地需环境设计，其面积不小于500m²，具体设计要求如下：
   (1) 考虑纪念亭的观赏空间要求；
   (2) 为师生提供观赏与坐憩空间；
   (3) 设置墙面(其他形式也可)，以记载该科学家的生平、业绩及治学事迹；
   (4) 校方拟在二期中再增加一座科学家的半身石像(总高约3.5m)，请在总平面中考虑位置。

二、设计内容及图纸要求

1. 总平面图　　　　　　　　　1:250
2. 纪念亭及场地临水立面　　　1:100
3. 纪念亭平面、立面、剖面　　1:50
4. 透视或鸟瞰，表现方式自定
5. 所有图纸不得小于A2，不得用描图纸

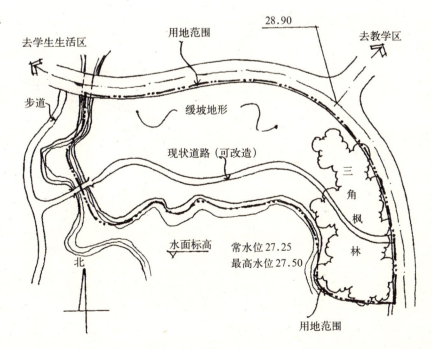

深圳大学
2001年硕士研究生入学考试试题

考试科目：建筑设计
招生专业：建筑设计及其理论

题目：建筑沙龙

内容：总建筑面积2000m²左右，高度不限

200座会议室	1个
50m²会议室	2个
50m²教室	2个
50m²工作室	6~8个
50m²多媒体会议室	2个
咖啡座80m²	1个
管理办公15m²	2个

门厅、展厅

卫生间

储藏

娱乐设施

要求：

总平面1：500

各层平、立、剖面1：200

透视图

图纸数量表现方法不限

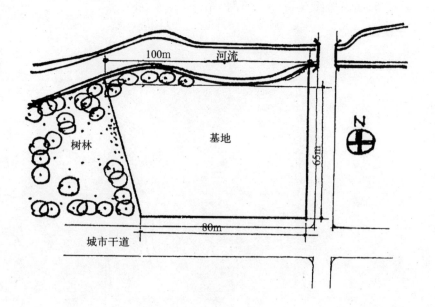

2002年硕士研究生入学考试试题

考试科目：建筑设计
招生专业：建筑设计及其理论 建筑历史及理论

社区图书馆建筑设计

一、设计条件

南方某市拟建一中型社区图书馆，主要服务于其北侧的大型居住社区，用地及环境见附图。总建筑面积2700m²，采用开架阅览管理方式，夏季使用分体式空调。主要内容包括：

1. 大厅（置出纳台及电脑检索设备）：面积按需要自定
2. 展览：80~100m²
3. 成人阅览：400m²
4. 儿童阅览：100m²
5. 期刊阅览：200m²
6. 网络阅览：100m²
7. 学术报告厅：240m²

其中包括：贵宾休息室20m²，设备间20m²，储藏室20m²

8. 复印：10m²
9. 缩目、分类：30m²
10. 装订：50m²
11. 馆长、办公：60m²
12. 厕所、走廊、楼梯：按需要设定

二、设计要求

1. 总平面　　　　1：500
2. 平面图　　　　1：200
3. 立面图2个　　 1：200
4. 剖面图1个　　 1：200
5. 表现图，表达方式不拘
6. 不透明纸、图幅及纸张不拘
7. 面积按轴线计算

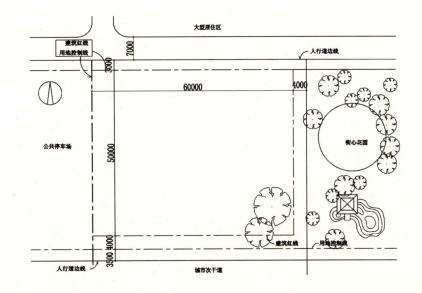

天津大学
1998年招收硕士生入学试题

考试科目：建筑设计

北方某城市中国画院设计

一、设计宗旨

为弘扬民族文化，拟在北方某城市建一座中国画院，供中国画画家进行创作、交流和学习之用，展示、收藏国画精品，并为国内外画家及国画研究者提供接待条件。

二、建筑规模

占地面积 0.8hm²，总建筑面积不超过 2600m²，建筑层数不超过三层，结构形式不限。

三、房间组成及使用面积要求

1. 国画创作、收藏及公共活动部分：

   (1) 创作室：330m²，其中创作室2间，每间45m²，小创作室8间，每间30m²；

   (2) 大创作室：60m²，供集体创作用；

   (3) 鉴赏室：45m²，鉴赏国画精品用；

   (4) 装裱和修补室：30m²，供装裱新作，修补旧画用；

   (5) 藏画室：20~30m²，要求通风良好；

   (6) 图书阅览室：60m²，含藏书，管理；

   (7) 展廊：100m²，展示国画作品兼藏画；

   (8) 讲堂：100m²左右，含小服务室6m²，休息室10m²；

   (9) 会客室：30m²；

   (10) 小会议室：30m²。

2. 客房：300m²，共6套，每套50m²，其中卧室15m²左右，画室或研究室(兼会客)20m²左右，设三件套卫生间及室外小院。

3. 办公、管理、后勤：

   (1) 办公：75m²，其中院长室30m²，其余三间每间15m²；

   (2) 餐厅、厨房：120m²，各占一半；

   (3) 库房：30m²；

   (4) 车库：40m²，2个车位；

   (5) 配电室：15m²。

4. 内庭、外庭：面积不限，为国画和来院人员提供聚会、交往和休闲的室内外环境，创造激发创作激情的空间氛围。

5.其他：门厅、传达室、走廊、楼梯等按需设置，面积自定；室外亭廊小品不计面积。

四、基地条件

画院建在北方某城市沿湖地段，对岸为城市公园；基地内有古井一座，地势平坦，岸边树木应予保留。

五、设计及图纸要求

1.设计要求：总体布局应与环境密切结合，妥善安排室内外空间，保留古井及树木；可设置亭廊及建筑小品，以丰富建筑造型和室外环境；建筑结构合理，空间尺度适宜；存放国画的房间应避免阳光直射并注意通风；方案设计需体现国画院主题的艺术特征。

2.图纸要求：

(1)总平面图　　　　　　1∶500
(2)各层平面　　　　　　1∶200
(3)剖面（2个）　　　　　1∶200
(4)沿湖、沿街立面　　　1∶200
(5)室外透视、鸟瞰任选其一
(6)文字说明150字以下，标明总建筑面积

注：1.图纸一律白纸黑绘，徒手、仪器均可；
　　2.图纸规格594mm×420mm，张数不限；
　　3.房间名称及室外设施名称均写在房间内及设施所在处；
　　4.建筑技术科学专业考生不画透视，可少画一个剖面，但需画一外檐大样。

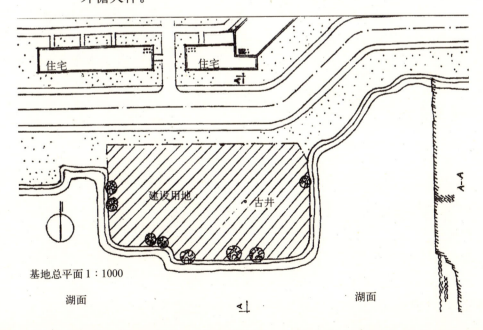

基地总平面1∶1000

湖面　　　　　　　　　　　　　　　湖面

1999年招收硕士生入学试题

考试科目：建筑设计

某高校科技情报馆设计

为了解当今国内外最新科技动态，展示高科技科研成果，进行学术交流，拟在北方某高校校园内主要道路交叉口，建设一幢以展示、阅览、开展信息交流为主要内容的科技情报馆，占地 0.5hm²，总建筑面积不超过 2900m²。

一、设计内容及参照面积(使用面积)指标

1. 阅览部分：提供师生阅览国内外近两年内的最新科技文献，并及时更新，阅览采用全部开架形式，由专人管理服务，故以下阅览室面积含开架辅助书库。

(1)人文科学文献普通阅览室 300m²

人文科学文献音像与光盘阅览室 50m²（含贮存柜和管理台）；

(2)自然科学文献普通阅览室 300m²

自然科学文献音像与光盘阅览室 50m²（含贮存柜和管理台）；

2. 展览与学术交流部分

(1)展览厅：展示校内最新科技成果或其他临时专项展览，200m²

(2)展览部：展示国内外最新科技动态，100m²

(3)科技成果转让洽谈室，50m²

(4)学术报告厅：设200坐席，并附设休息室一间，服务室一间，共 200～230m²

3. 科技服务部分

(1)音像制作：60m²

(2)电脑联网查询：60m²

(3)复印及电脑图文输出：60m²

4. 办公与业务用房部分

(1)采编，装订，复印三间连通共 60m²

(2)计算机房 40m²

(3)办公 3～4 间共 60m²

5. 其他

(1)门厅：设管理间及存物处，面积自定

(2)休息、厕所等按需自行配备

二、设计要求

1. 总平面应考虑室外环境绿化和自行车、小汽车的停车场布置（地形见

附图）；

2.建筑造型应体现提高学校的文化、学术氛围，并具有建筑的性格特征；

3.结构形式和层数不限。

三、图纸内容与表达

1. 总平面图　　　　1∶500

　　各层平面　　　　1∶200

　　沿街立面(2个)　 1∶200

　　剖面(纵横各一)　1∶200

　　徒手透视(外观)　不少于1个

2.图纸均采用白纸黑绘，徒手或仪器表现均可

3.图纸规格一律采用A2(594mm×420mm)，不超过4张

4.图纸一律不得署名，违者按作废处理

注：报考建筑技术专业考生不画透视，但需画一外檐大样。

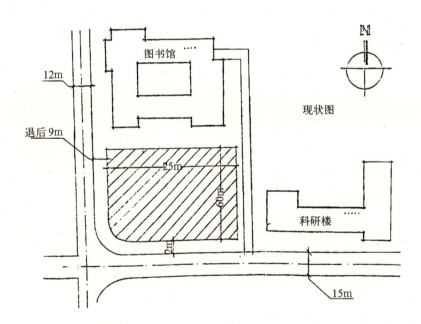

2002年招收硕士生入学试题

考试科目：建筑设计

居住区中心设计

一、功能要求

(1) 物业　　　　　　　　　　　300m²
(2) 接待　　　　　　　　　　　20m²
(3) 业主委员会　　　　　　　　40m²
(4) 会议　　　　　　　　　　　60m²
(5) 办公　　　　　　　　　　　20 × 5m²
(6) 库房、工具、更衣、卫生间　80m²

二、规划要求

退红线、道路和绿化 5m

三、总图要求

1. 室外有一个网球场
2. 室外安排儿童戏水池和幼儿活动器械
3. 室外安排 3~5 个汽车停车位
4. 室外有自行车位
5. 室外有适当绿化

四、图纸要求

1. 设计说明，其中包括若干技术经济指标
2. 总平面　　　　　　　　　　1∶500
3. 各层平面　　　　　　　　　1∶200
4. 立面 2 个(沿街 + 另一个方向)　1∶200
5. 剖面 2 个　　　　　　　　　1∶200

武汉大学
2002年攻读硕士学位研究生入学考试试题
考试科目：建筑设计(8小时快题)

拟在武汉市东湖之滨80m×120m地段中建一座中型楚文化博物馆，展示楚文化风采，其主要功能包括：大展厅，专门展厅，报告厅，接待厅，录像厅，科技交流室，文化交流室，网络中心，管理中心以及其他服务房间如陈列库房，维修加工房，资料室，卫生间，车库等总面积共约5000m²，其中：

大展厅：	1000~1200m²
专门展厅：	4×20m²
报告厅：	1000m²
接待厅：	100m²
录像厅：	400m²
科技交流室：	200m²
文化交流室：	200m²
网络中心：	150m²
管理中心：	150m²
陈列库房：	200m²
资料室：	100m²
其他：	自定(共400m²)

要求：构思新颖、功能合理、表达清晰，应注意结合环境，考虑结构形式及反映一定的时代特色和历史文化内涵。

图纸：

总平面	1:1000
各层平面	1:200
主要立面	1:200
主要剖面	1:200

透视效果图：方式自定(要求着色)

要求作构思分析(写在图幅中适当位置)总计图纸包括2~3张2号图纸。

2003年攻读硕士学位研究生入学考试试题

考试科目：建筑设计(8小时快题)

某高校活动中心

某高校拟在学生生活区内新建学生活动中心，包括社团活动、舞厅、咖啡厅等。具体情况如下：

一、基地情况

基地位于学生公寓区东北角，面积约3000m²。东、北两面为教学区，南面为学生食堂。

二、建筑设计要求

总建筑面积约	4000m²，其中
社团活动：	1200m²
报告厅：	500m²
舞厅：	500m²
录像厅：	80×4=320m²
健身房：	300m²
咖啡厅：	60m²
茶室：	60m²
乒乓、棋牌等：	200m²
展示：	100m²
办公：	200m²
值班：	20m²
厕所(大于两个)：	100m²

要求建筑层数小于4层，建筑整体风格应考虑校园应有的文化氛围，同时应当体现当代大学生应有的精神风貌。

三、图纸要求

总平面
平面图
立面图(大于2个)
剖面图
表现图
(1号图2张以上)

厦门大学
2001年招收攻读硕士学位研究生入学考试试题

考试科目：建筑设计

招生专业：建筑设计及其理论

题目：南方某社区服务中心(6小时)

一、地点：在长江以南某城市的一个住宅小区中心绿地公园中，拟建一社区服务中心，为本小区居民提供良好的交流、服务空间及生活环境。

二、规模和内容：总建筑面积控制在 1500m² 之内。

具体内容：

1. 多功能厅(用于舞厅、集会、报告等) 300m²
2. 活动室(书画、棋牌、阅览、摄影、音乐、健身、台球等共 10 间) 10 × 50m² = 500m²
3. 服务管理用房(保健、医务、管理、办公等 6 间) 6 × 20m² = 120m²
4. 陈列展示空间(可结合门厅处理) 100m²
5. 茶室(含辅助空间) 100m²
6. 其他相应空间面积(自定)

注：设计应适当考虑室外环境处理，供人们使用；停车(小车三辆及部分自行车)

三、图纸要求

1. 图纸规格一律为硬质纸张，1号图，张数不限。
2. 表达内容：

总平面　　　　　　1 : 500
各层平面　　　　　1 : 200
立面图　　　　　　1 : 200(至少两个)
剖面图　　　　　　1 : 200
透视图表现方法不限
主要技术指标

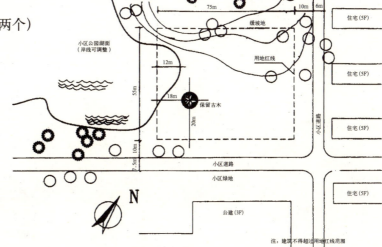

2002年招收攻读硕士学位研究生入学考试试题

考试科目：建筑设计

招生专业：建筑设计及其理论、风景旅游建筑、城市设计

学生活动中心设计

南方某高校为丰富学生课余文化活动，拟建学生活动中心一座，总建筑面积1500m² 左右，建筑层数1~3层，具体地形见附图。

一、设计内容

1. 门厅；
2. 展厅约300m²，可独立设置或与门厅合并设计；
3. 多功能厅，能容纳250人进行集会和文艺表演；
4. 社团活动室6间，每间约40m²；
5. 小书店：约50m²，另附储藏室一小间；
6. 茶座：供应冷热饮品，设必要的服务用房，面积100m²；
7. 办公室3间，每间15m²；
8. 卫生间及其他必要的附属空间。

二、图纸规格：硬质纸张1号图，数量不限。

三、图纸内容：

1. 平面图1：200(底层平面附环境配置)
2. 主要立面图1：200(2个)
3. 主要剖面图1：200
4. 表现图(表现方法自定)
5. 主要技术经济指标

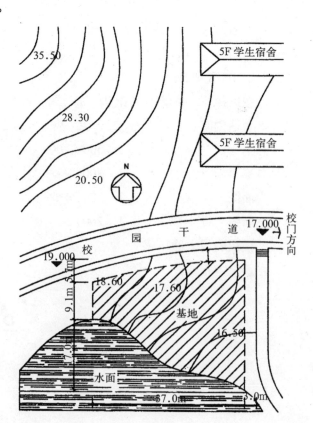

2003年招收攻读硕士学位研究生入学考试试题

考试科目：建筑设计
招生专业：建筑设计及其理论

某汽车旅馆设计

随着我国经济的腾飞，我国私家小汽车发展迅猛，节假日自驾车旅游已渐成风。某风景区拟于景区交通道路旁新建一建筑面积约3500m²的汽车旅馆，以满足驾车旅游者之停车、食宿之需求。

一、设计要求

1. 设计应充分考虑地形、地貌等环境因素，创造便捷、安全、舒适、惬意的室内外空间环境；
2. 在充分考虑汽车旅馆特点的同时，合理划分空间，合理进行功能及流线组织；
3. 注重建筑室内外空间形态，创造富有个性和特色的景区建筑形象；
4. 设计需注明南方或北方。

二、设计内容

1. 客房部分：设标准客房54间，每间约30m²，计约160m²。
2. 接待部分：约200m²，包括：门厅、服务、接待等功能。
3. 餐饮部分：(1) 餐厅约设100座（厨房配套）；
   (2) 酒吧约60m²；
   (3) 茶室约60m²。
4. 康乐部分：(1) 多功能活动室100m²；
   (2) 桑拿、按摩室200m²。
5. 行政管理部分：约250m²，设办公室2间，商务中心1间，洗衣房、储藏间、机房等辅助用房。
6. 职工宿舍：设3间，每间约25m²。
7. 停车场(面积不计入总建筑面积)。

三、设计图纸

1. 总平面　　　　　　　　1：500
2. 各层平面　　　　　　　1：200
3. 立面图　　　　　　　　1：200(不少于两个)
4. 剖面图　　　　　　　　1：200
5. 透视图表现方法不限

6. 主要技术指标及简要说明

上述图一律绘制于1号大小硬质不透明纸上，图纸张数自定。

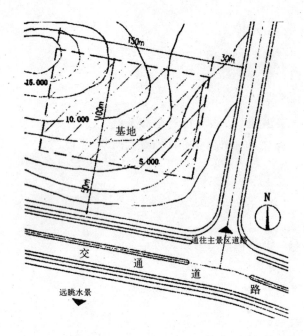

浙江大学
1999年攻读硕士学位研究生入学考试试题

考试科目：建筑设计

注：答案必须写在答题纸上，写在试题纸或草稿纸上均无效

某中国画名家美术馆

某中国画名家遗留一批宝贵画作及书法，并有相当收藏名品，为此在一风景区内拟建小型美术馆一座，总建筑面积控制在2000m²以内。在所给地形图内自选建筑用地(地形见附图)。

设计内容	使用面积
一、生平介绍厅	100m²
二、展厅　(1)国画展厅	600m²
(2)书房展厅	300m²
(3)藏品展厅	300m²
三、收藏保管	
(1)收藏间	50m²
(2)修复、裱画、照相、复制等	共80m²
四、画室若干	共80m²
五、会议室	40m²
六、接待室	40m²
七、其他(前厅、休息、小卖、卫生间等)	150m²

(如设亭、廊面积不计)

完成图纸(另附简要说明)

一、总平面图	1：500
二、平面图	1：200
三、立面图(1~2个)	1：200
四、剖面图(1个)	1：200
五、透视图(表现方法不限)	

以上图纸均在一张 A1 图内完成

得分分配
功能　30分
技术　20分
造型　25分
表现　25分

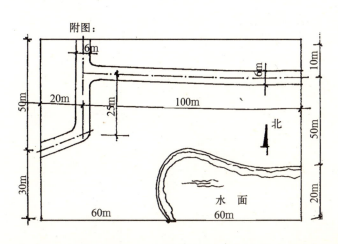
附图：

*注：未完成要求的图纸及说明一律不及格

2000年攻读硕士学位研究生入学考试试题

考试科目：建筑设计

注：答案必须写在答题纸上，写在试题纸或草稿纸上均无效

文化名人纪念馆设计

某中国文化名人在城郊留下一处故居(局部)，政府决定根据城市规划的要求在原地辟出一块用地建一个纪念馆，总面积控制在2500m²。

一、故居为单层木构架，两坡顶，砖墙，小青瓦的传统建筑(保留)。

二、纪念馆设计内容：

1. 展览：1200m²(实物、图片展、收藏精品等)
2. 影视厅：150m²(含声光控制等工作室)
3. 管理用房：300m²
4. 服务用房(休息、茶室、卖品部、卫生间等)
5. 室外展廊、展场(适当)
6. 停车位约5辆小车

三、设计要求：

1. 满足纪念馆建筑的功能要求
2. 具有浓郁的文化气氛
3. 图面表达清晰

四、成果

1. 总平面图　　　　1∶400
2. 各层平面图　　　1∶200 或 1∶300
3. 剖面图　　　　　1∶200 或 1∶300
4. 主要立面图　　　1∶200 或 1∶300
5. 透视图(方法不限)
6. 简要设计说明

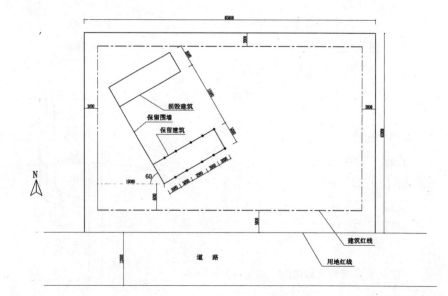

2001年攻读硕士学位研究生入学考试试题

考试科目：建筑设计

注意：答案必须写在答题纸上，写在试题纸或草稿纸上均无效。

一、设计条件

1. 业主：画家／音乐家／作者／建筑师／……(业主职业自设)
2. 基本功能内容：
   (1) 从事创作的工作场所
   (2) 举行沙龙等小型聚会的场所
   (3) 满足基本生活要求
3. 预设人口：单身／夫妻俩口
4. 基地：都市／乡村／依山傍水／……基地边界尺寸、基本条件参见附图，场景自设
5. 建筑规模 360m²(设计任务书自拟)
6. 层数、高度不限

二、图纸要求

1. 总图　　　　　　　　　　1：300
2. 各层平面　　　　　　　　1：100
3. 立面、剖面　　　　　　　1：100
4. 透视表现图(表现技法不限)　1幅
5. 主要技术经济指标
6. 设计说明

三、评分标准

1. 空间设计(有想像力，业主职业特点明确)　25分
2. 功能设置　　　　　　　　　　　　　　　25分
3. 立面造型　　　　　　　　　　　　　　　15分
4. 环境设计(含选址)　　　　　　　　　　　15分
5. 工程结构　　　　　　　　　　　　　　　10分
6. 图纸表达　　　　　　　　　　　　　　　10分

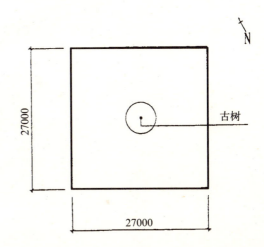

2002年攻读硕士学位研究生入学考试试题

考试科目：建筑设计(快图)

一、已知条件

现有一寒冷地区山地5层独立式住宅，外观如图，平面外形尺寸为9.9m×9.9m。

二、设计内容

1. 根据已知建筑形体和尺寸，结合住宅的使用功能，设计出其各层平面，(要求忠实原型)。(50分)
2. 在保持平面关系不变的条件下，结合南方暖热地区的气候特点进行立面设计(在平面使用和结构允许的条件下，作创意型变更)。(25分)
3. 将住宅置于20m×20m院落内，并进行庭院平面设计。(25分)

三、图纸要求

1. 底层以上各层平面　　　　　1∶100
2. 底层平面结合庭院设计　　　1∶100
3. 立面图（2个）　　　　　　　1∶100
4. 透视图一个，表现形式不限
5. 所有图纸在一张2号纸内完成(不透明纸)

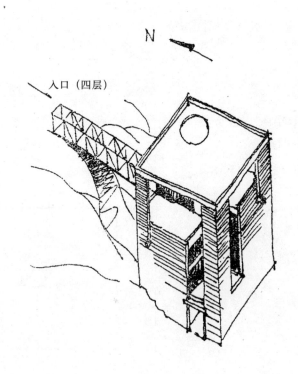

2004年攻读硕士学位研究生入学考试试题

考试科目：规划与设计

注意：答案必须写在答题纸上，写在试卷或草稿纸上均无效。考生必须严格按照附图1的版面，完成建筑与规划的3个主题(功能、空间、形式)下9个子题的设计与表达。

主题1：功能(40分)

子题A：用抽象的图示表示出居住建筑中，卧室、客厅、儿童房、保姆房、书房、厨房、卫生间、餐厅的功能分区和关系图。

子题B：根据小区平面图(附图2)，分析画出其交通关系图。

子题C：根据小区平面(附图2)，分析画出其功能结构图。

主题2：空间(60分)

子题D：外部空间设计 1:500

用总平面的形式，任意设计或规划一个公共建筑组群或者居住组团。通过建筑、小品、树木、绿地、硬地等元素构筑一个良好的外部空间，要求标明建筑层数。

子题E：内部空间设计 1:200

任意设计一单层 $300 \sim 400 m^2$ 的茶室建筑平面，主要表现其空间形、序列、趣味和室内外关系等空间艺术。要求用虚线表示屋顶。

子题F：竖向空间设计 1:100

用剖面的形式，任意设计一个3~4层的建筑剖面，主要表现其剖面的空间艺术和趣味。

主题3：形式(50分)

子题G：用立面的形式画一西方古典建筑样式，要求线条清晰、明确。

子题H：用立面的形式画一中国古典建筑的亭子样式，要求线条清晰、明确。

子题I：在已给定的3层建筑形体条件下(附图3)，通过形体的加减，材质的运用，细部的设计等手段，设计完成一新建筑的造型(透视大小、角度按原图)。

以上作图均应完成在一张不透明的A1纸上，采用徒手线条，表现形式不限。

同济大学
1998年硕士生入学考试试题

考试科目：建筑设计A

一、题目

在南方某城市近郊，设计一幢小住宅，总建筑面积200m²（只允许误差10%），住宅内有：卧室若干间，外起居室（客厅）1间，内起居室1间，餐厅1间，卫生间3间，厨房1间，以及工作间、储藏室等。

建筑层数不限，要求坡顶（如果有局部平屋顶，不得超过30%），客厅必须有圆弧曲线作为平面界面。

基地见附图，小住宅建在道路东侧的任何位置。

二、图纸内容要求

1. 总平面图　　　　　　　1∶500
2. 各层平面　　　　　　　1∶100
3. 立面（不少于2个）　　　1∶100
4. 剖面　　　　　　　　　1∶100
5. 透视

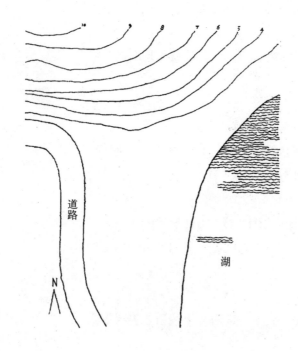

1999年硕士生入学考试试题

考试科目：建筑设计A

某舞蹈家纪念馆设计

江南某市拟为当地出生的一位已故文化名人建纪念馆。该名人为20世纪30年代在海外接受过现代舞蹈教育的舞蹈家,归国后一直从事中国民族舞蹈和现代舞蹈的教学和理论研究。

某地在该市新开发区内,南侧为城市干道,另两侧为次干道,纪念馆与市文化中心、室内游泳及健身中心、艺术学校共同围绕一中心广场,纪念馆基地临路口。

纪念馆总建筑面积1500m²,层数不限。

其中：

声像厅 150m²（供作报告,共同视听声像资料用）

陈列厅A 180m²（陈列该名人生平、实物用）

陈列厅B 360m² 可分数间（供该市文艺社团艺术展览用）

贮藏三间 每间30m²（供声像资料展品贮藏用）

文艺沙龙 面积不限 设计人自定（供文艺社团使用,可利用门厅,休息厅等）

办公4～5间 每间18m²（供管理及文艺社团办公用）

其他门厅、休息厅、卫生间、售票等面积自定

考虑适当位置立该名人塑像一座（须在纪念馆基地范围内）

图纸内容要求：

1. 总平面图   1：500
2. 各层平面   1：200
3. 立面   1：200
4. 剖面   1：200
5. 透视,表现不限

可用透明描图纸或不透明纸

2000年硕士生入学考试试题

考试科目：建筑设计1(适用建筑学所有方向)

答题要求：　1.答题使用绘图纸
　　　　　　2.钢笔、墨线、徒手、可着淡彩
　　　　　　3.使用比例尺按比例绘图

社区学院设计

某大学拟建一所社区学院，对校外街道社区开放，由大学进行管理，区位见图社区学院内容：(建筑物不超过三层)

多功能大厅	200m²
普通教室(8间)	各80m²
电脑教室	160m²
家政教室	160m²
图书资料室	240m²
办公室(8间)	各20m²
展厅	240m²
男女厕所	
室外活动场地	
自行车停车场(50辆)	

图纸内容要求：

总平面图	1∶500(包括室外场地布置)
各层平面	1∶200(包括室内布置)
立面	1∶200(2个)
剖面	1∶200(1个)
透视或轴测图	
简要说明	

建筑设计快题与表现

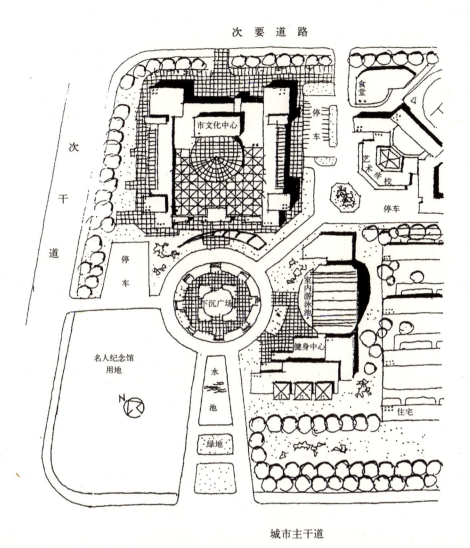

同济 1999 附图

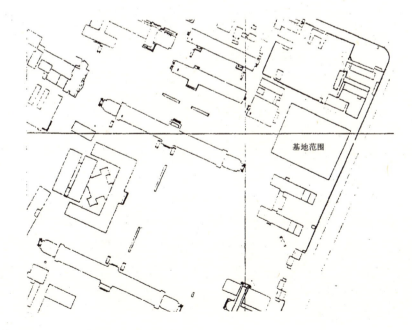

同济 2000 附图

167

附 录

感谢中国美术学院环境艺术系王国梁教授,吴晓淇教授,邵健副教授,陈坚副教授,浙江大学建筑系陈帆副教授对本书的指导以及大力支持;感谢坤和建设集团提供第33、34页范例(杭州山水人家入口效果图),deam gillespies & Tim Schwager提供第35页范例(杭州"河畔居"滨水居住社区设计竞赛效果图)。

本书范例主要作者　　　　　　　　　　　　　　范例页码

吴晓淇　中国美术学院环境艺术系教授　　　　　　72
陈　帆　浙江大学建筑系副教授　　　　　　　　　10、11、48
许　虹　威海市建筑设计研究院有限公司副总建筑师　84、85、86
李　明　浙江绿城建筑设计有限公司建筑师　　　　16、17、18、19、20
金　雷　美国亚利桑那Line & Space建筑事务所建筑师　36、37、38、39、40
戚　琪　中国美术学院环境艺术系教师　　　　　　47
俞小雪　中国美术学院环境艺术系硕士　　　　　　21、57(下)、68、70

中国美术学院环境艺术系历届学生　　　　　　范例页码

方显豪　　　　　　　　　　　　　　　　　　　　12、13、14
吴维凌　　　　　　　　　　　　　　　　　　　　32、49
朱　丽　　　　　　　　　　　　　　　　　　　　52(上)
袁柳军　　　　　　　　　　　　　　　　　　　　63
潘日锋　　　　　　　　　　　　　　　　　　　　65(上)
孙天罡　　　　　　　　　　　　　　　　　　　　59(下)
耿　筠　　　　　　　　　　　　　　　　　　　　41、45(下)、68(上)、79(下)
刘剑华　　　　　　　　　　　　　　　　　　　　27
陈　柯　　　　　　　　　　　　　　　　　　　　30
陈元甫　　　　　　　　　　　　　　　　　　　　24
陈之旦　　　　　　　　　　　　　　　　　　　　31
何借东　　　　　　　　　　　　　　　　　　　　50
何毅骏　　　　　　　　　　　　　　　　　　　　23、25
马哲峰　　　　　　　　　　　　　　　　　　　　29
宋曙华　　　　　　　　　　　　　　　　　　　　28
周棕平　　　　　　　　　　　　　　　　　　　　22
赵俊璐　　　　　　　　　　　　　　　　　　　　58(上)
周　伟　　　　　　　　　　　　　　　　　　　　58(下)

高永超	59(上)、64(下)
罗 炫	60
徐 倩	61
张海建	62
张 燕	26
陈立超	64(下)
俞文捷	65(下)
盛 洁	66(上)
周海平	66(下)
马维见	80(上)、(下)